사과 향은 없다

60가지 향기 물질로 풀어보는 후각의 비밀

사과 향은 없다

제1판 제1쇄 발행 2023년 7월 7일
개정판 제1쇄 발행 2024년 9월 20일

지은이 최낙언
펴낸이 임용훈

편집 전민호
용지 (주)정림지류
인쇄 올인피앤비

펴낸곳 예문당
출판등록 1978년 1월 3일 제305-1978-000001호
주소 서울시 영등포구 문래동 6가 19 문래SK V1 CENTER 603호
전화 02-2243-4333~4
팩스 02-2243-4335
이메일 master@yemundang.com
블로그 www.yemundang.com
페이스북 www.facebook.com/yemundang
트위터 @yemundang

ISBN 978-89-7001-646-7 13470

* 본사는 출판물 윤리강령을 준수합니다.
* 이 책은 저작권법에 의하여 보호를 받는 저작물이므로 무단전재와 무단복제를 금합니다.
* 파본은 구입하신 서점에서 교환해 드립니다.

사과 향은 없다
60가지 향기 물질로 풀어보는 후각의 비밀

최낙언 지음

예문당

들어가면서

사과 향도 없다

"사과에 사과 맛은 없다. 오직 사과 향이 존재할 뿐이다." 이것은 내가 2012년 『Flavor, 맛이란 무엇인가』를 썼을 당시 가장 강조했던 말이다. 당시는 가공식품과 첨가물에 대한 오해와 불안이 너무나 많아서 바나나 향을 넣어 만든 우유를 가지고도 온갖 시비가 있을 정도였다. 맛과 향에 대한 제대로 된 과학적 설명이 없으니 수만 가지 음식의 다양한 맛이 0.1%도 되지 않는 향기 물질에 의해 만들어진다는 사실을 전혀 모르는 사람이 많았다. 그나마 요즘은 그런 엉터리 주장이 많이 사라지고 맛의 다양성은 향에 의해 나타난다는 사실을 아는 사람이 많아져 보람을 느낀다.

하지만 여전히 맛에 대해 과학보다는 감성으로 접근하는 사람들이 많다. 지난 50년간 GC/MS 같은 정밀한 분석 장비가 개발되어 미량의 냄새도 분석할 수 있게 되었고, 뇌과학과 생리학 등의 발전으로 후각의 비밀도 상당히 알게 되었지만, 우리는 여전히 분석 결과만으로는 맛을 전혀 예측하지 못한다. 심지어 맛을 직접 보고 나서도 왜 그런 맛이 나는지 알지 못하고, 그 맛을 묘사하거나 객관적으로 평가하기 힘들어한다.

사실 향은 묘사할 단어조차 별로 없다. 흔히 언어(단어)는 문화의 척도라고 한다. 단어가 많다는 것은 그 분야에 대한 관심이 많고 그만큼 발전하고 세분화되었다는 뜻이다. 전문용어에 대한 실력이 그 분야의 실력이며, 전문화된 단어가 있어야 효과적인 소통이 가능하다. 단어가 왜 중요한지는 단어를 사용하지 않고 대상을 설명해보면 잘 알 수 있다. 사실 우리에게 언어(단어)가 없으면 표현은커녕 생각 자체도 불가능해진다. 그런데 향은 묘사할 단어가 별로 없고, 과거에 비해 거의 발전하지 못했다. 심지어 미각에 대한 표현보다 훨씬 부족하다.

　미각은 5종류에 불과하지만 400종의 수용체로 수만 가지 향을 구분하는 후각보다도 표현이 정교하다. 달콤하다, 새콤달콤하다, 시큼하다, 짭조름하다, 씁쌀하다 같은 다양한 표현이 가능한 것이다. 그래서 어떤 사과의 맛을 보면 그것이 다른 사과에 비해 맛이 달콤한지 새콤한지는 말할 수 있어도 그 향이 다른 사과와 어떻게 다른지는 표현하지 못한다. 미각은 단맛-설탕, 짠맛-소금, 신맛-식초처럼 그것을 자극하는 물질을 직접 다루어봐서인지 개별적인 감각과 강도 그리고 그것을 다른 것과 섞었을 때의 표현 등이 다양하다. 하지만 향은 그것을 구성하는 개별 물질을 다루어 본 적이 없으니 미각에 비해서도 표현이 정교하지 못한 것이다. 그러니 향을 구성하는 물질에 대한 관심이 분명 필요하다.

　식품에는 개별 향기 물질이 있다. 향기 물질의 관점에서 본다면 꽃, 향신료, 과일, 와인, 전통주는 크게 다르지 않다. 그저 같은 향기 물질의 다양한 배합비에 불과한 것이다. 사과에 사과 맛 성분은 없다. 사과에서 미각으로 느껴지는 것은 단맛과 신맛뿐이고, 사과가 가진 특별한 맛이라고 느끼는 것은 사과 향 즉, 후각으로 느끼는 0.1%도 안 되는 향기 물질이다. 그리고 사과 향도 사과만 가진 특별한 향기 물질에 의해 느껴지는 것이 아니라 다른 다양한 식품에도 똑같이 존재하는 향기 물질이 단지 사과에 어울리는 조합에 의해 발현되는 것이다. 그래서 향료의 배합비만 가지고 여기서 사과 향이 날지, 파인애플 향이 날지 구분할 수 있는 사람은 거의 없다. 사과 특유의 맛 성분도 없고, 사과 고유의 향기 성분도 없으니, 사과 맛이 없을 뿐 아니라 사과 향도 없는 셈이다. 다른 식품도 마찬가지다. 와인의 향기 물질은 와인뿐만 아니라 다른 술이나 향신료, 과일 등에도 들어 있다.

어떤 음식이든 풍미를 조금만 깊이 공부하면 결국에는 향기 물질과 만나게 된다. 세상의 다양한 맛은 여러 향기 물질의 다양한 변주곡인 것이다. 내가 2021년 『향의 언어』를 쓴 이유는 향미 표현에 기본이 될 만한 단어를 찾아보기 위해서였다. 여러 식품의 향기 물질을 정리해 보고, 그것들을 종합한 뒤 식물/효소로 만들어지는 향, 미생물/발효로 만들어지는 향, 가열로 만들어지는 향으로 구분하여 식품의 향을 공부하는 데 가장 유용한 100가지 향기 물질을 골라보는 것이 목표였다. 그렇게 고른 향기 물질을 바탕으로 교육을 시작해 보니, 그 절반인 60가지 정도의 향기 물질만 있어도 향과 후각을 이해하는데 충분하다는 생각이 들었다. 물론 이 정도의 향기 물질만으로는 식품의 향을 온전히 설명하지 못하지만, 후각과 향의 원리를 이해하기 위한 가장 적절한 수단이라 자신한다.

문제는 조향사를 제외하고는 향기 물질을 경험해 볼 기회가 거의 없다는 것이다. 더구나 이들 향기 물질은 그 이름부터 낯설고, 향도 매우 강력하고, 친숙하지 않은 경우가 많다. 개별 향기 물질을 맡아본다고 그것이 어떤 의미가 있고, 어떻게 후각과 식품의 풍미를 이해하는 데 활용할 수 있을지 아이디어를 찾기도 쉽지 않다. 적절한 교육 프로그램이 필요한 것이다. 내가 맛에 관한 책을 쓰기 시작하면서 수많은 교육을 해보았는데 그중 가장 반응이 좋았던 것이 이런 향기 물질을 체험하면서 그 물질이 왜 어떻게 만들어지며, 무슨 역할을 하며, 풍미에는 어떤 영향을 미치는지 그리고 그것을 통해 후각을 어떻게 이해할 수 있는지를 설명하는 수업이었다. 후각을 이해하기 위해서는 향기 물질의 역치, 포화도, 농도 효과, 혼합 효과 등을 이해해야 하는데 단순히 말로 설명해주는 것보다 향기 물질을 직접 체험하면서 설명하니 정말 효과적이었다. 더구나 여러 사람과 함께 같은 향기 물질을 맡으면서 사람마다 그 느낌과 호불호가 완전히 다르고, 말에 따라 느낌이 달라지는 것을 경험하면서 후각에 대한 완전히 새로운 시각을 가질 수 있게 되었다.

향에는 좋은 향과 나쁜 향이 따로 있지 않고, 좋은 향기 물질만 계속 합한다고 결코 매력적인 향이 되지 않는다는 것에 공감하고, 이취는 그 물질 자체의 특성이 아니라 맥락과 농도에 따라 달라진다는 것에 공감하는 경우가 많았다. 향기 물질을 공부하면 후각에 대한 새로운 시각을 가질 수 있을 뿐만 아니라 다른 부수입도 생긴다. GC/MS의 분석 결과가 단지 자료가 아니라 향을 이해하는 수단이 되고, 다양한 식재료에 대한 이해가 쉬워지고, 왜 그런 식재료의 조합이 잘 어울리는지 원리를 탐구하기도 쉬워지는 것이다.

이 책에서 후각을 이해하는 데 유용한 60가지 향기 물질을 소개하는 것도 그런 이유이다. 이들 향기 물질을 통해 후각을 이해한다면 향에 대한 지식을 한 단계 끌어올리고 통합적으로 바라보는 시작점이 될 것이라 생각한다. 다만, 향기 물질을 직접 경험하면서 책을 읽을 방법이 없다는 것이 아쉽다.

향은 음식의 꽃이다. 맛을 다룬다는 것은 향을 다루는 것이라고 할 정도로 향은 음식에 섬세함과 다양함을 부여한다. 이 책이 향기의 언어를 찾는데 도움이 되었으면 좋겠다.

최 낙 언

목차

들어가면서 _ 사과 향도 없다　　　　　　　　　　　　　　004

PART 1　　향기 물질로 풀어보는 후각의 비밀

1 왜 맛은 말로 표현하기 힘들까?　　　　　　　　　　　014
2 향을 향기 물질로 공부하면 좋은 이유　　　　　　　　019
3 향기 물질의 특징: 강하다　　　　　　　　　　　　　025
4 향기 물질의 특징: 여러 수용체를 자극한다　　　　　　030
5 이취 물질이 따로 있는 것은 아니다　　　　　　　　　040

PART 2　　알아두면 좋은 60가지 향기 물질

1　터펜계 향기 물질

- **리모넨** 우리가 가장 많이 섭취하는 향기 물질　　　　052
- **시트랄** 레몬 주스의 신선함이 오래가기 힘든 이유　　056
- **리날로올** 자연에 아주 흔하지만 따로 보면 낯선 향　　058
- **제라니올** 향수의 원료가 된 꽃 향　　　　　　　　　062
- **피넨** 피넨 향을 맡으면 소나무가 떠오르는 이유　　　064
- **멘톨** 박하사탕이 시원한 이유　　　　　　　　　　　066

- **L-카본** 거울 이성체, 좌우가 바뀌면 전혀 다른 향   068
- **캠퍼** 뇌를 깨우는 장뇌의 향   070
- **유칼립톨** 코알라가 잠만 자는 이유   072
- **터피넨** 음식이 소변의 색이나 냄새를 바꾸기도 한다   074
- **개박하** 모기는 사자도 미치게 한다   078
- **파라-시멘** 왜 미나리에서 가끔 휘발유 냄새가 날까?   080
- **카리오필렌** 후추는 어떻게 유럽 사회를 마비시켰을까?   082
- **지오스민** 흙 자체는 냄새가 없다   086
- **이오논** 향수 업계를 뒤흔든 이오논의 매력   090
- **다마세논** 사람마다 다른 느낌을 주는 특별한 향기 물질   094

2 방향족 향기 물질

- **페닐아세트알데히드** 꿀의 달콤함은 생각보다 쉽게 만들어진다   104
- **벤질아세테이트** 조화를 통해 완성되는 재스민의 향기   106
- **신남알데히드** 시나몬은 음식, 계피는 약?   108
- **바닐린** 바닐라가 여전히 세계에서 두 번째로 비싼 향신료인 이유   110
- **벤즈알데히드** 식물의 속씨에 숨겨진 독을 암시하는 냄새   116
- **살리실산메틸** 식물의 방어 신호 물질에서 아스피린 합성까지   120
- **유제놀** 정향은 어쩌다 3대 향신료에서 치과 냄새로 전락했을까?   124
- **피페로날** 육두구에 들어 있는 환각 물질   128
- **크레솔** 우리는 왜 병원의 소독 냄새를 싫어할까?   136

3 카보닐 향기 물질

- **프로피온산** 가장 쏘는 듯한 냄새를 가진 지방산 — 146
- **뷰티르산** 누구에게는 부패취, 누구에게는 블루치즈 향 — 148
- **아세트알데히드** 나라마다 해장음식이 다른 이유 — 150
- **디아세틸** 맥주 발효의 지표 물질 — 154
- **이소발레르알데히드** 가지 구조를 가진 분자의 냄새가 독특한 이유 — 156
- **트랜스-2-헥산알** 풀냄새, 신선함 or 풋내, 비린내 — 158
- **시스-6-노네놀** 오이를 싫어하는 이유가 꼭 향 때문일까? — 160
- **재스민** 꽃에서 시작된 현대의 향수 — 162
- **옥텐올** 신선한 송이버섯 vs 썩은 곰팡이, 극단적인 호불호 — 165
- **데칸알** 제발 고수만은 빼주세요! — 168
- **데카디에날** 고기 냄새와 이취의 경계는? — 172

4 에스터와 락톤

- **에틸아세테이트** 술의 주 향기 물질이지만 아무도 모르는 이유 — 178
- **에틸프로피오네이트** 영국의 탄압 덕분(?)에 품위가 높아진 스코틀랜드 위스키 — 180
- **에틸부티레이트** 과일 향에 풍부한 에스터 물질 — 182
- **에틸헥사노에이트** 짝퉁(?) 백주를 만들기 쉬운 이유 — 184
- **이소아밀아세테이트** 바나나우유에는 바나나가 없다! — 186
- **γ-노나락톤, γ-운데카락톤** 락톤 이야기 — 188

5 가열로 만들어진 향

- **푸르푸랄, 5-메틸푸르푸랄** 캐러멜 반응으로 가장 먼저 만들어지는 물질 — 198
- **푸라네올, 에틸푸라네올** 딸기의 달콤함은 어디에서 오는가? — 200
- **말톨, 에틸말톨 / 메이플락톤** — 202
- **소톨론** 조미료취(Seasoning flavor)를 내는 냄새 물질 — 204
- **과이어콜, 시린골** 아무리 굽지 말라 해도 우리가 원하는 것은 '스모키' — 206

6 황화합물

- **황화수소** 원시 지구의 냄새는 어땠을까? 212
- **메틸머캅탄** 도시가스에 부취제(Odorizer)를 넣는 이유 214
- **메치오날** 감자가 온갖 요리에 잘 어울리는 이유 220
- **디메틸설파이드** 바닷새가 플라스틱을 먹이로 착각하는 이유 222
- **트러플설파이드** 송로버섯은 번식을 위한 씨앗을 왜 땅속에 숨길까? 224
- **알릴이소티오시아네이트** 글루코시놀레이트(Glucosinolate)와 향신 채소 226
- **트리설파이드** 마늘은 한국인의 소울푸드 228
- **에틸머캅토프로피오네이트** 글루타티온은 감칠맛과 향에도 상당한 영향을 미친다 230
- **푸르푸릴싸이올** 커피의 향이 특별한 진짜 이유 234
- **디푸르푸릴 디설파이드** 고기의 향 238
- **설퍼롤** 불순물에 따라 우유 또는 고기 향으로 변신하는 향기 물질 242

7 질소 화합물

- **2-아세틸피리딘** 쌀 향은 생각보다 단순하다 248
- **디메틸피라진** 가열한 식품에서 피라진이 중요한 이유 250
- **테트라메틸피라진** 간장의 향 252
- **빈 피라진** 누구에게는 몸에 좋은 인삼 향, 누구에게는 생감자의 풋내 254
- **이소부틸피라진** 파프리카의 향 258
- **인돌** 합성의 노고에 비해 너무나 억울한 대접 260
- **암모니아** 가장 작은 냄새 물질 262
- **아세토페논** 포도주에서 여우 냄새가 날 수 있다고? 266
- **트리클로로아니솔** TCA가 적은 양으로도 와인의 향미를 망치는 이유 268
- **트리메틸아민** 위대한 비린내 270

마무리하면서 274
참고문헌 276

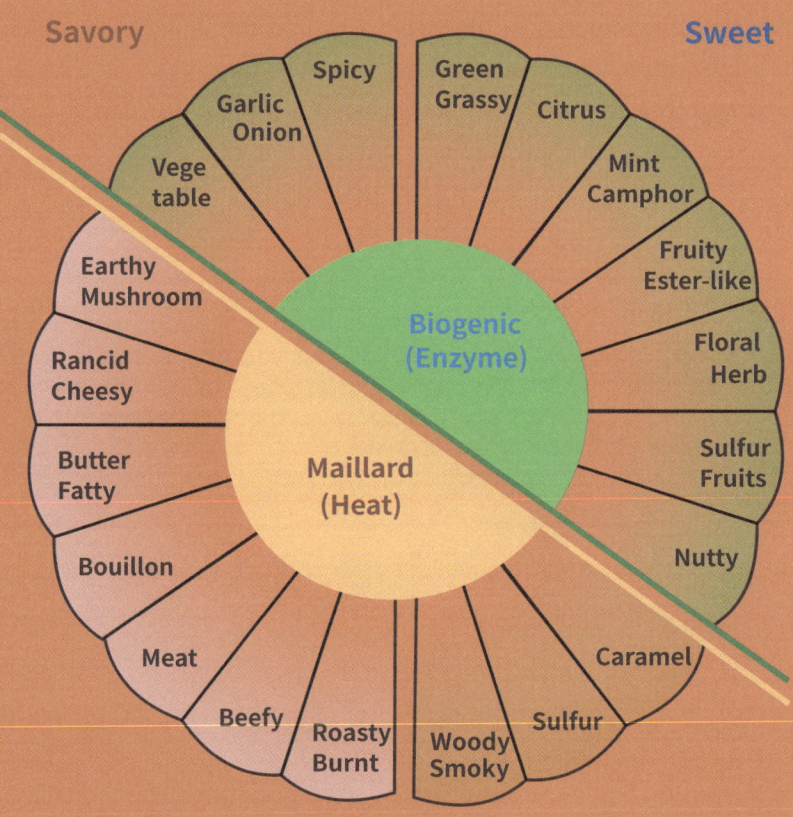

PART 1

향기 물질로 풀어보는
후각의 비밀

1	왜 맛은 말로 표현하기 힘들까?
2	향을 향기 물질로 공부하면 좋은 이유
3	향기 물질의 특징: 강하다
4	향기 물질의 특징: 여러 수용체를 자극한다
5	이취가 따로 있는 것은 아니다

1 왜 맛은 말로 표현하기 힘들까?

식품의 성패는 맛에 달려있고, 그 맛의 성패는 향이 좌우하는 경우가 많다. 그래서 식품회사 연구원들은 남들과 차별화되고 훌륭한 향을 찾기 위해 끊임없이 노력하지만, 원하는 결과를 얻기는 생각보다 쉽지 않다. 자신의 머릿속에 원하는 콘셉트를 확실히 그린다고 해도 그것을 향료회사에 말로 표현할 방법이 없으며, 본인이 새로운 풍미의 제품을 개발했다고 해도 이를 포장지에 표시할 방법이 없다.

모든 가공식품에는 소비자의 선택을 돕기 위한 표시사항이 있지만 사용한 원료와 영양 정보 등이 들어 있을 뿐, 정작 식품 선택에 가장 중요한 요소인 맛에 대한 표시는 없다. 고작해야 일부 제품에 매운맛의 정도를 표시하거나 알코올 함량을 표시하는 정도다. 물론 알코올 함량만 해도 맥주나 증류주의 근본적인 차이 등을 말해주는 상당한 정보이기는 하지만, 와인 같은 다양한 풍미의 술이라면 알코올 함량 가지고는 정보가 턱없이 부족하다. 당도, 산도, 바디감, 타닌의 양, 오크 향의 정도와 같은 몇 가지 지표라도 표시해주면 선택에 큰 도움이 될 텐데, 그런 정보는 찾을 수 없다. 더구나 구체적인 향에 대한 표시는 거의 불가능하다. 그래서인지 와인에는 소믈리에라는 직업이 존재한다. 훌륭한 와인을 만드는 것도 기술이지만, 제품을 제대로 평가하는 것도 대단한 기술인 것이다.

향에 대해 소통할 수 있는 단어가 없다

외국인에게 막걸리 맛을 설명하려면 어떻게 해야 할까? 막걸리뿐 아니라 대부분 맛은 말로 표현이 불가능하다. 단어가 있어야 표현할 수 있는데 향에 대해 소통할 수 있는 단어가 거의 없으니 표현할 방법이 없는 것이다. 커피와 차 등 세상 어떤 음식이든 향을 조금만 더 깊이 공부하면 결국에는 다양한 향기 물질과 만나게 된다. 세상 모든 맛의 다양성은 향에 의한 것이고, 향은 여러 향기 물질의 다양한 변주곡이다. 그리고 향기 물질의 관점에서 본다면 꽃과 향신료, 과일과 와인, 빵과 커피, 채소와 고기가 별로 다르지 않다. 같은 향기 물질의 다른 배합비에 불과한 것이다. 그러니 이론적으로는 향기 물질만 알면 세상의 모든 향을 이해할 수 있고, 자유롭게 표현할 수 있다. 그리고 실제로 조향사는 향기 물질을 이용하여 세상의 모든 향을 만들려 한다.

기존의 아로마 휠로는 한계가 있다

와인이나 커피, 홍차 등을 즐기다 보면 어느 순간 자연스럽게 향에 관심이 생기게 된다. 그런데 지금 느끼는 맛이 무슨 맛인지, 어디선가 느껴본 맛이나 향 같은데 이게 무슨 맛이며 향인지 아리송한 경우가 많이 있다. 이런 어려움을 줄이기 위해 개발된 것이 '아로마 휠(Aroma wheel, Flavor wheel)'이다. 아로마 휠은 등장하는 향 종류만 수십 가지라서 처음 보는 사람은 "와! 세상에, 와인에서 이렇게 다양한 향을 느낄 수 있다고?" 하며 놀랄 것이다. 이미 초콜릿, 빵, 맥주, 커피, 차, 위스키 등 각종 식품과 식재료에 대한 아로마 휠이 만들어져 있다.

잘 준비된 아로마 휠은 확실히 미각을 훈련하고 소통 능력을 향상하는 데 도움이 된다. 하지만 한계도 분명하다. 표준이 없다는 것이다. 와인에서 딸기 향을 느꼈다고 하면 그 딸기는 어떤 지역에서 재배한 어떤 품종의 딸기 향일까? 천연물도 풍미가 다양하지만, 조합된 향도 회사별로 다르고 표준이 없다. 하나의 향료회사에 수백 종의 딸기 향이 존재하는 것이다.

와인에서 딸기 느낌은 딸기 향으로 표현한다 해도 그 딸기 자체를 설명하려면 어떻게 해야 할까? 딸기의 품종별로 풍미의 차이를 묘사하기 위해 아로마 휠이 만들어지고 거기에 와인이 등장한다면, 마치 뱀이 자기 꼬리를 문 것처럼 묘사를 위한 묘사가 무한히 이어지는 난처한 상황에 빠질 것이다. 사실 와인에서 바닐라, 딸기, 정향 같은 향이 느껴진다고 해서 실제로 와인에 바닐라, 딸기, 정향이 들어 있는 것은 아니다. 바닐라가 느껴진다면 바닐린(Vanillin), 정향이 느껴진다면 유제놀(Eugenol) 같은 향기 물질을 느낀 것에 불과하다.

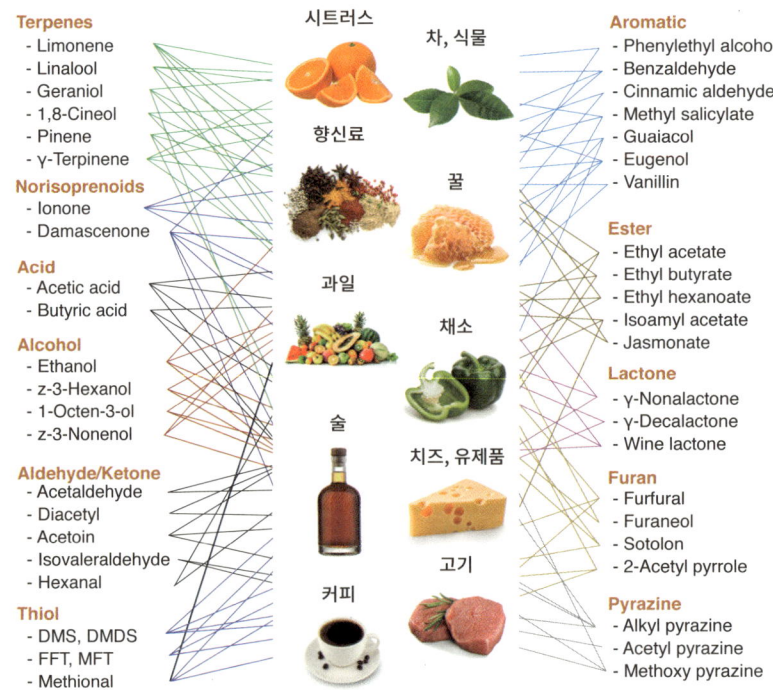

향을 향기 물질 말고 다른 방식으로 설명하려 하면 한계가 있다. 만약 사람들이 바닐린, 유제놀의 향을 안다면 이 와인은 바닐린이 희미하게 느껴지고, 유제놀은 다른 와인보다 강하게 느껴진다는 식으로 설명하면 끝날 것이고, 그에 대한 검증도 쉬워진다. 분석기기를 이용하면 실제 성분을 확인할 수 있는데, 개별 성분은 검증할 수 있지만 딸기 향처럼 복합적인 성분은 검증할 방법이 없다.

문제는 개별 향기 물질을 공부하기가 쉽지 않다는 것이다. 천연 물질도 어렵기는 마찬가지다. 와인에서 블랙커런트 향이 느껴진다고 하면 블랙커런트를 경험해보지 못한 사람은 과연 조합 향을 통해 익숙해질 수 있을까? 조합 향에는 표준물이 없고, 실제 과일과 맛이 같지 않기 때문에 쉽지 않을 것이다. 배(Pear) 향을 느낄 때도 우리 배와 서양의 배는 완전히 향이 다르다. 그러니 복합물을 이용한 향의 공부도 쉽지 않다.

사과 향도 없다. 다양한 향기 물질이 있을 뿐이다

향기 물질을 안다고 해서 모든 풍미를 설명할 수 있는 것은 아니다. 향기 물질은 단독으로 존재할 때와 혼합된 상태일 때 그 느낌이 전혀 달라지는 경우가 많고, 심지어 농도에 따라 느낌이 달라지기도 한다. 그러니 향기 물질로 해결하는 것은 한계가 있다. 단지 향을 향기 물질로 이해하는 것보다 효과적인 방법이 없는 게 문제다.

현대 과학의 많은 성과는 큰 문제를 작게 나누어(Divide) 각각의 작은 부분을 해결(Conquer)하는 식으로 발전했다. 이런 접근법도 나름 부작용과 한계가 있지만 전문적 지식의 축적에 절대적인 공헌을 했다. 그런데 향은 아직 이런 접근이 부족하다. 그래서 보통 사람은 사과 맛 성분이 따로 없다는 사실조차 모르는 경우가 많다.

미각을 자극하는 것은 단맛, 신맛, 짠맛, 감칠맛, 쓴맛 중 일부이고, 후각을 자극하는 것은 0.1%도 안 되는 향기 물질이다. 더구나 사과의 향기 물질은 사과에만 있는 특별한 물질이 아니라 다른 과일이나 술 등 여러 식품에도 들어 있다. 내가 10여 년 전에 『Flavor, 맛이란 무엇인가』를 쓰면서 "사과에 사과 맛은 없다. 오직 사과 향이 있을 뿐이다"라고 말했던 것은 향에 대한 공부의 시작이었을 뿐이고, 제대로 된 공부를 하려면 사과 향을 구성하는 각각의 성분까지도 들여다봐야 한다.

향기 물질의 공부는 쉽지 않다. 종류가 너무 많아 한꺼번에 모든 것을 체험해 보기도 힘들다. 그래도 아로마 휠을 공부할 정도의 노력을 해본 사람이라면 이 책에 등장하는 향기 물질 정도는 공부해 보는 것이 효과적일 것이라 생각한다.

2 향을 향기 물질로 공부하면 좋은 이유

내가 이 책을 쓴 이유는 향기 물질을 통해 후각을 이해하려는 시도가 많아졌으면 하는 바람에서다. 미각은 다섯 종류에 불과하지만, 단맛은 설탕, 짠맛은 소금, 신맛은 식초를 통해 직접 다뤄봤기 때문인지 개별적인 특징이나 다른 것과 섞였을 때의 특징을 잘 알고, '시큼하다', '새콤달콤하다', '짭조름하다' 등 그 표현도 다양하다. 하지만 향은 그것을 구성하는 개별 물질을 다루어 본 적이 없어서인지 이해도 부족하고, 표현도 빈약하다. 나는 이런 문제점을 극복하는 좋은 방법이 향기 물질을 직접 다루어 보는 것이라고 생각한다.

그동안 맛에 관한 책을 쓰면서 많은 세미나를 진행했는데, 그중 가장 반응이 좋았던 세미나는 향기 물질을 체험하면서 그것이 왜·어떻게 만들어지며, 원래 무슨 역할을 위해 만들어진 물질인지, 풍미에는 어떤 영향을 미치는지 그리고 그것을 통해 후각을 어떻게 이해할 수 있는지를 설명해줄 때였다. 향기 물질의 역치, 포화도, 농도 효과, 연상 효과 등을 말로만 설명할 때와 같이 경험하면서 설명할 때는 완전히 달랐다. 더구나 여러 사람과 함께 같은 향기 물질을 맡으면서 사람마다 그 느낌과 호불호가 완전히 다르고, 말에 따라 느낌이 달라지는 것을 경험하면서 후각에 대한 완전히 새로운 시각도 가지게 되었다.

향기 물질을 공부하려면 먼저 어떤 물질부터 시작할지를 정해야 한다. 하지만 아직 조향의 목적이 아니라 식품의 향미와 후각의 특징을 이해하기

적합한 리스트나 교육 프로그램은 없다. 식품에 존재하는 모든 향기 물질을 다 공부할 수 없으니 가장 적합한 물질을 골라야 한다. 이 책에 등장하는 60여 가지 향기 물질은 3여 년의 시행착오를 바탕으로 정리한 것이다. 가능한 적은 숫자의 향기 물질로 우리의 후각과 식품 향을 이해하는 데 유용한 것으로 골랐다.

왜 향을 향기 물질로 이해하면 좋을까? 여러 가지 이유가 있지만 가장 큰 이유는 향의 시작이 되는 분자 즉, 향기 물질부터 시작하는 것이 확장성이 크기 때문이다.

표준적인 품질이 유지된다

향기 물질은 순도가 높고 항상 일정한 품질을 가진 표준물질이다. 천연물은 여러 가지 성분의 조합이므로 조건에 따라 그 성분의 비율이 다를 수 있고, 성분 간의 상호작용으로 조건에 따라 향취가 달라진다. 하지만 단일 성분으로 된 향기 물질은 언제 어디서나 같은 풍미이고, 시간에 따른 변화도 적어서 후각의 기준 물질로 사용하기 훨씬 좋다.

기기분석 결과를 이해하는 기초가 된다

분석기기는 과거에 비해 놀랄 만한 발전을 이루었다. 쌀은 비교적 향이 약하지만 분석기기를 활용하자 무려 477종의 향기 물질이 발견되었고, 맥주에서는 800종, 와인에서는 1,000종, 중국 백주에서는 1,100종, 위스키에서는 1,300종의 향기 물질이 발견되었다. 이처럼 기기가 좋아질수록 많은 향기 물질이 분석되지만, 오히려 향을 이해하기 힘들다는 단점도 있다. 따라서 향기 물질을 알고 역치와 기여도를 파악할 수 있어야 그중 어떤 물질이 핵심인지 알 수 있고, 그래야 분석 결과를 토대로 향을 이해하는 데 활용할 수 있다. 향기 물질의 특성을 알아야 분석 결과를 활용할 수 있는 것이다.

식재료에 대한 이해도를 높일 수 있다

향기 물질을 알면 다양한 식재료에 대한 이해도를 높일 수 있다. 계피의 향을 묘사하려면 어떻게 해야 할까? 계피는 신남알데히드의 비중이 높아서 누구라도 그 냄새를 맡으면 바로 계피를 떠올리게 된다. 여기에 신남알데히드를 보조하는 향기 물질 몇 가지만 더 안다면 품종마다 가지고 있는 향의 차이를 그 물질의 비율로 이해할 수 있다. 모두가 계피처럼 주 향기 물질이 명확한 것은 아니지만, 향신료, 피톤치드, 풀 등 향기 물질로 그 식물을 설명하기 쉬운 것도 많다. 그러므로 먼저 쉽게 설명할 수 있는 것부터 시작하여 점차 미생물이 만든 발효의 향, 가열을 통해서 만들어지는 향기 물질까지 확장하여 공부하면 향을 이해하는 데 많은 도움이 될 것이다.

묘사분석의 특성 항목을 좀 더 쉽게 세분화할 수 있다

바닐라의 산지와 품종별 특징을 객관적으로 묘사하려면 어떤 방법이 좋을까? 사실 완벽한 방법은 없다. 그나마 연구기관이나 식품회사 등에서 가장 많이 쓰이는 것이 '묘사분석'이다. 묘사분석은 소수의 고도로 훈련된 검사 요원에 의해 감지된 제품의 관능적 특성을 질적 및 양적으로 묘사하는 방법이다. 이를 위해서는 식재료의 관능적 특성을 세부적으로 묘사할 수 있는 식재료의 특성 용어 즉, 묘사 단어를 찾아야 한다. 그런 후 훈련된 패널이 평가한 평균치를 이용해 프로파일을 작성한다. 그러면 그 식료의 특성을 나름 시각적으로 묘사할 수 있다.

이런 묘사분석을 할 때 단맛, 짠맛, 신맛과 같은 미각적 요소나 식감 같은 것은 평가 항목으로 잡기 쉬우나, 향의 경우는 세부적인 항목을 잡기 쉽지 않다. 향기 물질에 대한 훈련이 없기 때문이다. 훈련을 통해 향기 물질에 대해 아는 사람이 많을수록 향에 대한 묘사 단어의 선정이 쉬워지고, 제품의 이해에 더욱 큰 도움이 된다.

향의 묘사에 기기분석 결과도 활용할 수 있다

흔히들 말하기를 보면 알 수 있다고 하지만, 알아야 볼 수 있는 경우도 많다. 특히 향의 경우가 그렇다. 빨간색 시럽에 레몬즙을 넣고 마시게 한 뒤 무슨 맛이냐고 물으면 레몬을 떠올릴 사람은 많지 않을 것이다. 하지만 안에 들어간 것이 레몬즙이라고 말해주면 그 순간 누구든지 레몬 맛을 확실히 느끼게 된다. 이처럼 맛에 대한 힌트가 있으면 떠올리기가 쉬워지므로 향에 대한 분석 차트가 있다면 우리는 그것에 대해 오히려 섬세하게 느낄

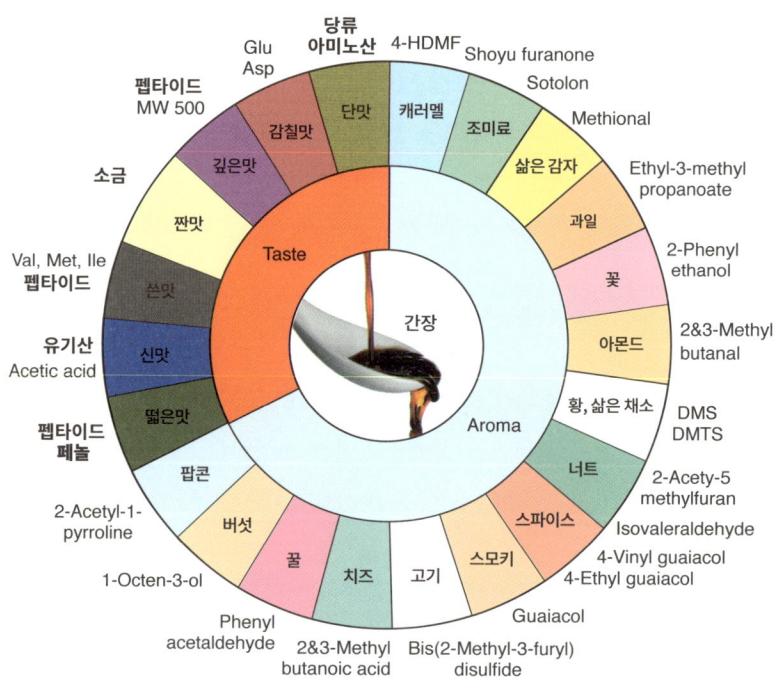

간장 향의 향미 표현 방법

수 있을 것이다.

홍차의 향기 성분을 보면 엉뚱하게도(?) 살리실산메틸이 들어 있는데, 그 자체로는 홍차를 전혀 연상할 수 없지만 홍차에서 분석된 최초의 향기 성분이 살리실산메틸이라고 말해주면, 홍차를 좋아하는 사람은 스리랑카 우바 홍차 특유의 느낌이 이 물질에 의한 것이구나! 하고 느끼기도 한다. 이론치와 감각치가 서로 도움이 될 수 있는 것이다.

어떤 식물의 향을 분석한 결과 피넨이 10%, 리날로올이 60%, 유제놀이 10% 들어 있다고 할 때, 단순히 분석 결과를 말해주면 도대체 그것이 무슨 느낌인지 전달할 수 없고, 너무나 직설적이라 감성은 전혀 찾아볼 수 없게 된다. 하지만 여기에 간단한 감각적 터치만 입히면 얼마든지 공유할 수 있는 표현이 된다. 피넨은 소나무의 향, 리날로올은 홍차나 꽃 향, 유제놀은 정향이나 치과 냄새 등 얼마든지 그 향기 물질이 많이 들어 있는 천연 물질을 이용하여 분석 자료를 설명하면 되는 것이다. 이런 식으로 과학적 증거와 감각적 은유를 조화시키면 『신의 물방울』에 등장하는 표현이 좀 허세적이라 부담스러운 사람도 그 향기 물질이 포함된 식품과 추억, 이미지 등을 근거로 얼마든지 비유적이고 은유적인 표현이 가능해진다.

매칭의 원리를 이해하는 데 도움이 된다

향기 물질을 알면 식재료를 조합할 때 왜 그런 조합이 잘 통하는지와 같은 블렌딩(Matching, Pairing)의 원리를 탐구하기 쉬워진다. 사용할 수 있는 식재료와 향신료가 수백 종일 때 과연 어떤 조합부터 시도해야 가장 빠른 속도로 적합한 새로운 조합을 찾을 수 있을까? 보통은 성공적인 레시피를 확보하여 그것을 활용하고 변형하는 것이 성공의 지름길이다. 하지만 기존의 결과를 뛰어넘는 새로운 레시피를 개발하려면 그것과는 비교할 수 없을 정도의 많은 노력과 시행착오가 필요하다. 그래서 좀 더 효과적인 매칭의 이론을 고민하게 되는데, 최근에는 개별 소재나 향신료를 그 특징을 부여하는 향기 물질로 이해하려는 노력이 증가하고 있고, 이를 바탕으로 재료의 궁합을 맞춰가는 시도도 증가하고 있다. 영국의 인기 요리사 헤스톤 블루멘탈(Heston Blumenthal)과 향미화학자 프랑수아 벤지는 '푸드 페어링 가설'에서 시작해 비슷한 향기 물질이 많은 식재료끼리 요리에서 잘 어울릴 가능성이 높다는 이론을 내세웠고, 이는 성공적인 레시피의 분석을 통해 어느 정도 증명되었다. 이런 예측은 맞으면 좋고, 틀리더라도 최소한 탐구욕을 자극한다. 단순히 시행착오 방식의 경험만으로 성공한 레시피보다 훨씬 힘이 있고 나중에 자기 경험을 남에게 전달할 때도 효과적이다.

3 향기 물질의 특징: 강하다

향기 물질은 강력하고, 강하면 불쾌하기 쉽다

　혹시 이 책에 등장하는 향기 물질을 따로 구해서 경험할 수 있다면 무엇부터 알고 있는 것이 좋을까? 가장 먼저 생각해야 할 것은 향기 물질의 강도에 대한 이해이다. 누구든 향기 물질 원액을 직접 맡아보면 무엇보다 향의 강력함에 놀랄 것이기 때문이다.

　식품에 사용되는 합성향(합성향)은 통상 0.1% 사용을 기준으로 조향된다. 그리고 합성향의 90% 정도는 단순히 용매이고, 실제 향기 물질은 10% 정도다. 더구나 수십 가지 향기 물질로 되어 있는 것이라 개별 물질은 고작 0.001% 이하다. 천연식품도 개별 향기 물질이 ppm(백만 분의 일) 수준이라 순도가 100%에 가까운 개별 향기 물질의 냄새를 맡게 되면 식품에 통상 존재하는 양보다 수만 배 이상 많은 양에 노출되는 것이다. 그러니 향기 물질이 강해서 놀랄 것이 아니라 이론치(계산치)보다 훨씬 약하다는 것에 놀라야 고수(?)인 셈이다. 개별 향을 맡으면 매우 강하지만 이론치보다 약한 이유를 아는 것이 첫 번째 과제이다.

　보통은 향기 물질이라고 하면 뭔가 향긋하고 기분 좋은 향기일 것이라 기대하지만, 고농도의 향기 물질은 용매취가 느껴지고, 얼굴이 찡그려지고, 기침이 나오는 등 불쾌한 경우가 많다. 이취는 개별적 향조보다 농도와 맥락에 좌우된다는 것도 향기 물질의 체험을 통해 훨씬 잘 이해할 수 있다. 농도에 따라 느낌이 달라지는 것은 미각도 마찬가지다. 적당량의 소금은 짭

짤하지만, 미량일 때는 달콤하고, 과량에는 쓴맛이 날 수 있다. 아무리 싫은 맛이나 향도 충분히 희석하면 별로 불쾌하지 않거나 오히려 풍부함을 주는 좋은 자극이 될 수 있는 것이다.

향기 물질은 역치와 포화도의 차이가 매우 크다

향기 물질을 이해하려면 먼저 왜 물질마다 역치가 다른지를 이해해야 한다. 향기 물질은 후각 세포의 향기 수용체와 결합해야 작동하는데, 결합의 양상은 물질마다 다르며 아주 짧은 순간 동안만 결합한다. 향기 분자와 수용체 모두 격렬하게 진동하고 움직이기 때문이다. 향기 분자는 수용체의 결합 위치와 얼마나 잘 맞는지에 따라 결합하는 시간이 달라진다. 향기 물질과 향기 수용체의 궁합이 좋으면 오래 결합하지만 모든 분자는 끊임없이 진동하고, 이웃의 분자와 끊임없이 충돌하기 때문에 계속 결합하지 못한다. 그래서 분자와 수용체는 아주 짧은 간격을 두고 붙었다 떨어지기를 반복한다. 쉽게 결합하고 강하게 결합하면 역치가 낮아 소량으로도 강한 향을 내고, 결합이 어렵고 약하게 결합하면 역치나 높아 원하는 향을 내려면 그만큼 많은 양의 향기 물질이 필요하다.

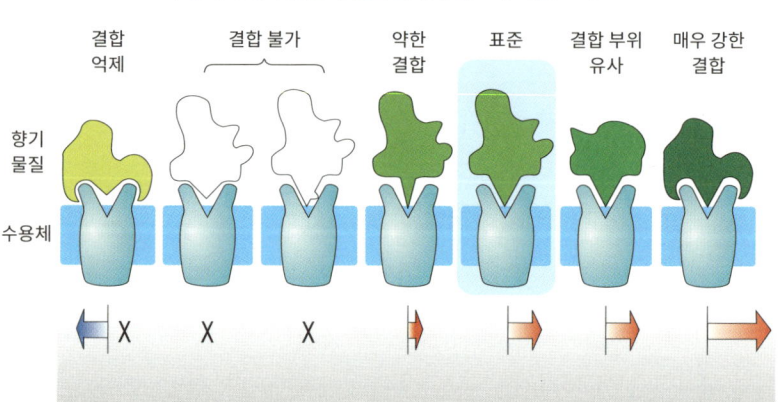

수용체와 향기 물질의 결합 형태와 강도에 대한 모식도

향의 강도는 희석을 해봐야 알 수 있다

우리는 주정(에탄올 95%)이나 매니큐어를 지울 때 사용하는 아세톤에서 강한 향이 난다고 생각하지만, 사실 그 정도는 향이 없다고 말해도 과언이 아닐 정도로 약한 편에 속한다. 보통의 향기 물질은 알코올의 1만 배보다 훨씬 적은 양으로 작동하기 때문이다. 보통 향은 0.1%만 있어도 포화농도에 도달한다. 그 이상의 농도에서는 진한만큼 강하게 느끼지 못한다.

포화농도는 물질마다 다르다. 따라서 어떤 향기 물질의 강도를 알려면 실제 식품에 존재하는 만큼 희석해봐야 알 수 있다. 어떤 것은 희석한 만큼 강도가 낮아지기도 하고, 어떤 것은 백 배, 천 배, 만 배를 희석해도 크게 강

향기 물질의 역치

성분	역치(ppm)
Ethanol	100.0
Maltol	9.0
Furfural	3.0
Hexanol	2.5
Benzaldehyde	0.35
Vanillin	0.02
Limonene	0.01
Linalool	0.006
Hexanal	0.0045
Ethyl butyrate	0.001
(+)-Nootkatone	0.001
Methanethiol	0.00002
2-Isobutyl-3-methoxypyrazine	0.000002
1-p-Menthene-8-thiol	0.00000002

향기 물질의 역치와 강도(포화도) 모식도

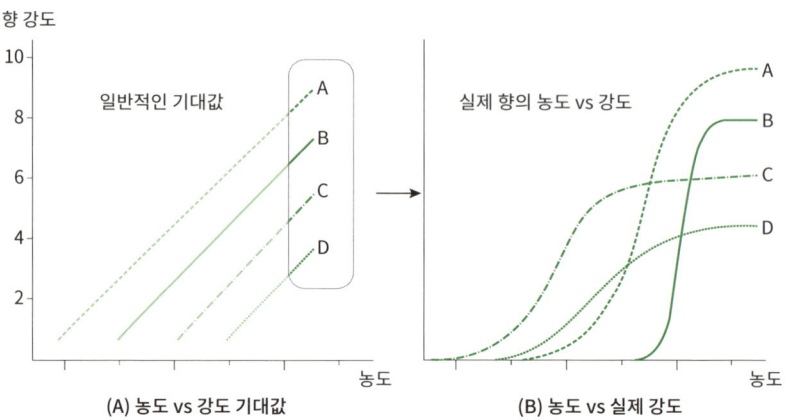

향기 물질의 농도에 따른 향 강도의 변화(출처: V. Ferreira, 2010)

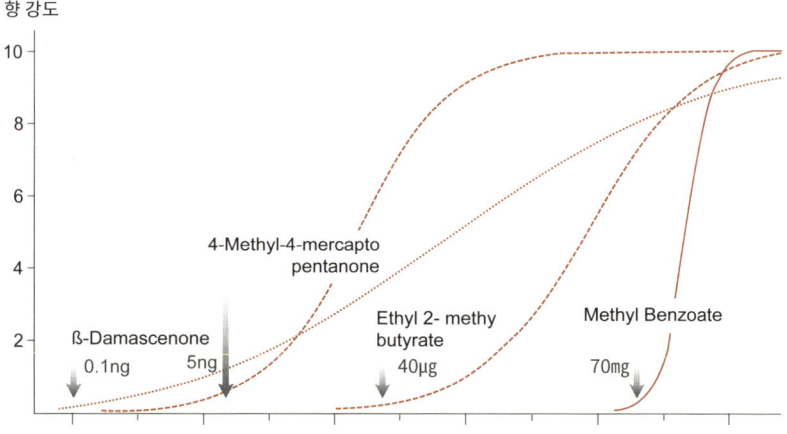

도가 낮아지지 않는 것처럼 느껴지기도 한다.

이런 사실은 에틸아세테이트와 다른 에스터 또는 베타-다마세논과 비교해보면 확실히 체감할 수 있다. 고농도의 에틸아세테이트 향을 맡으면 그 강렬함에 취해 실제로는 다른 향기 물질보다 수백~수만 배 약하다는 것을 짐작하기 힘들다. 향의 경우 역치 차이는 무려 100만 배까지 날 수 있으니 향에서 중요한 것은 함량이 아니라 함량에 역치를 반영한 기여도다.

4 향기 물질의 특징: 여러 수용체를 자극한다

한 가지 향기 물질이 여러 수용체를 자극한다

아래 그림은 여러 가지 향기 물질을 노출해가면서 쥐의 후각망울이 어떻게 변하는지 관찰한 것이다. 각각 한 가지 향기 물질에 노출한 것인데도 한 지점만 발화되는 것이 아니라 마치 수십 가지 향기 물질에 노출된 것처

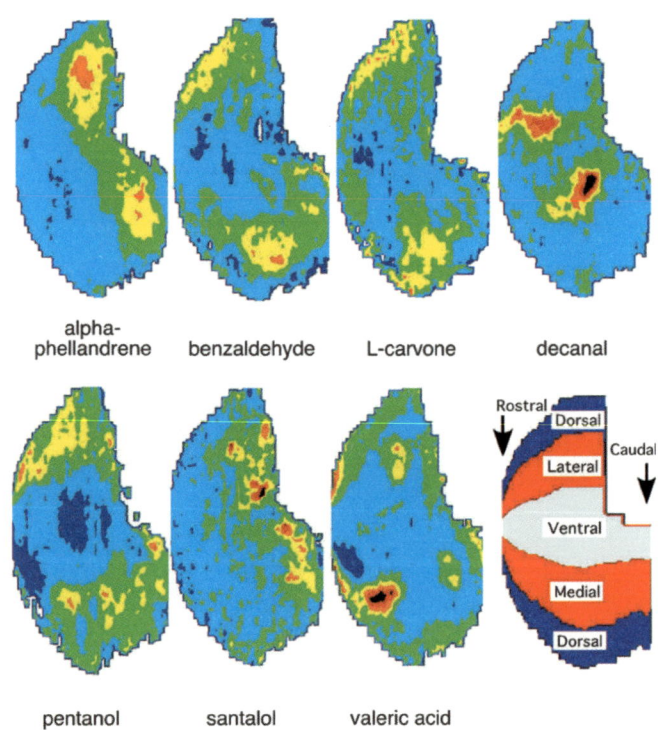

럼 여러 부위가 발화되는 것을 볼 수 있다. 이 그림을 이해하는 것이 후각의 본질을 파악하는 가장 근본적인 힌트일 것이다. 인간의 후각은 400종류의 전구를 5,000개 붙여둔 전광판과 같다. 향기 물질이 후각 세포를 자극하고, 그 결과 전광판의 여러 지점에 다양한 불이 들어오고, 뇌는 그것으로부터 사과 향, 딸기 향을 구분한다.

우리 뇌는 제멋대로 들어오는 현란한 전광판의 불빛을 보고 어떻게 그렇게 다양한 향을 지각할 수 있을까? 아직 그 구체적인 기작에 대한 과학적인 설명은 없지만, 후각뿐 아니라 다른 감각도 기본 원리는 같다. 무한히 다양한 패턴에서 의미를 찾아내는 것은 뇌의 본질에 가까운 기능이다.

한 가지 물질에서 복잡한 느낌이 나는 경우가 많다

커피의 향은 800~1,000가지 향기 물질로 구성되어 있고, 커피마다 향기 물질의 조성이 다르다. 하지만 우리는 커피를 마시면서 비슷한 느낌을 받는다. 이것을 생각하면 개별 향기 물질은 그 느낌이 단순할 것이라 예상하기 쉽지만, 한 가지 성분의 향기 물질이라도 향를 맡으면 느낌이 단순하지 않다. 오히려 수십 가지 물질을 조합한 향보다 복잡한 경우가 많다.

메치오날의 향을 맡게 하면서 느낌을 물었을 때 누군가 육수 느낌이 난다고 하면 자신도 육수 느낌이 들고, 토마토 같은 느낌이 난다고 하면 토

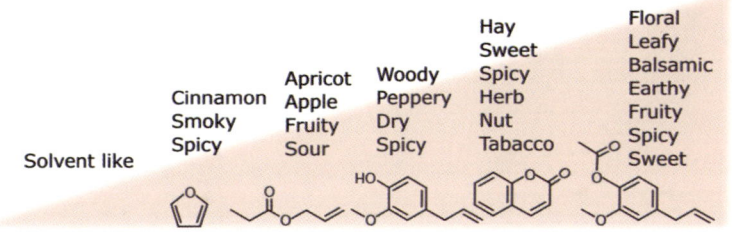

마토를 느끼는 식이다. 그런데 메치오날은 감자에 가장 가까운 향기 물질이다. 우리가 순수한 감자라고 느끼는 감자 향은 수십 가지 향기 물질이 합해진 결과물이고, 가장 감자다운 향기 물질인 메치오날은 그 향조가 매우 복잡하고 정보에 따라 느낌이 달라지는 것이다.

향기 물질은 형태가 작고 간단하면 그 향조 또한 단순하고 빠르게 다가와 빠르게 사라지는 용매취처럼 느껴지는 경우가 많고, 형태가 크고 복잡할수록 천천히 다가와 천천히 사라지며 향조도 다양해지는 경향이 있다.

농도에 따라서도 느낌이 달라질 수 있다

인돌은 농도가 높을 때는 악취지만, 희석하면 재스민 꽃향기의 일부가 된다. 이처럼 한 가지 물질이 농도에 따라 전혀 다른 향처럼 느껴지는 현상은 제법 많이 일어난다. 이 현상을 어떻게 해석할 수 있을까? 향기 물질은 두 가지 이상의 발향단을 가지는 경우가 많다. 그래서 분자의 형태가 복잡할수록 여러 수용체와 결합할 수 있고 여러 가지 느낌을 줄 수 있다. 물론 단순한 분자도 복잡한 느낌을 줄 수 있다.

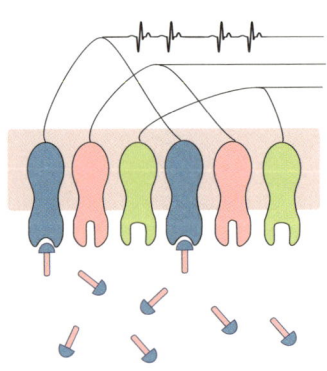

저농도
결합하기 쉬운 수용체와 우선 결합

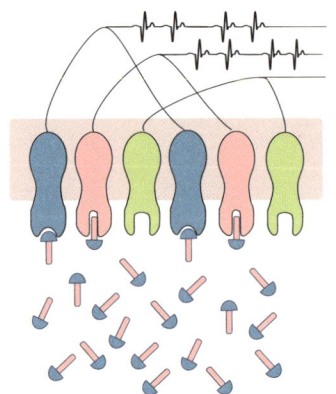

고농도
가능한 모든 수용체와 결합

농도가 낮을 때는 주로 결합하기 쉬운 수용체 1에 결합한다. 그런데 농도가 높아지면, 점점 수용체 2에 결합할 확률이 증가한다. 그리고 수용체 1만 발화한 상태와 수용체 2까지 발화한 상태는 그 느낌이 전혀 다를 수 있다.

맡을 때마다 느낌이 다른 경우도 있다

같은 향기 물질이라 해도 사람마다 다르게 느끼고, 개인의 컨디션과 상황에 따라서도 다르게 느껴진다. 이는 개별 향기 물질의 체험을 통해 가장 실감 나게 느낄 수 있다. 같은 향기 물질을 두고 여러 명이 모여서 그 느낌을 서로 말해보면 같은 향을 맡고도 이렇게 다르게 느낄 수 있다는 것에 한 번 놀라고, 또 누군가 느낌에 대해 말하면 나 역시 비슷하게 느낀다는 사실에 또 놀라게 된다. 향은 마치 얼굴을 보면 아는 사람인데 이름이 잘 생각나지 않다가 갑자기 떠오르는 것처럼 누가 옆에서 말하면 떠오르는 측면이 있다.

예를 들어 김, 옥수수, 게장, 보이차의 향기는 전혀 닮지 않았다. 그런데 만약 디메틸설파이드를 두고 누군가 김 향이 느껴진다고 하면 자신도 해조류의 느낌이 들게 되고, 누군가 옥수수 캔을 땄을 때의 향 같다고 하면 또 그렇게 느끼게 되며, 누군가 보이차의 포장을 벗길 때 나는 향 같다고 하면 그렇게도 느껴진다. 만약 향기 물질 하나하나에 대해 지금의 느낌을 섬세하게 잘 묘사해두고 10년, 20년 뒤에 다시 그 향기 물질을 맡으며 그 느낌과 비교해보면 아주 다른 묘사를 하게 될 가능성이 크다.

왜 향은 정보가 중요하고 뇌의 해석이 중요할까? 나는 맛에서 오미 오감은 30% 정도의 역할만 하고, 뇌가 50%의 역할을 한다고 말해왔는데, 그 예로 설명하기 가장 쉬운 것이 시각을 통해 후각을 설명할 때였다. 맹점, 중심와, 착시의 사례를 통해 시각(지각)을 설명하고 후각을 설명할 때 가장 많

은 공감을 얻을 수 있었다

미각은 나름 독립적인데 후각은 상황에 의존적이다

각각의 후각세포에는 1,000여 개의 후각 수용체가 있지만, 400가지 후각 수용체 중 단 한 가지만 표현된다. 결국 후각세포가 400종인 셈이다. 그런데 하나의 후각 수용체라 해서 하나의 향기 물질에만 반응하지는 않는다. 후각 수용체의 비밀을 밝혀 노벨상을 받은 린다 벅(Linda Buck) 박사 연구팀은 리모넨 같은 향기 성분은 한 종류의 후각 수용체만 활성화하는 것이 아니라 여러 가지 수용체를 활성화한다는 사실을 밝혀냈다. 어떤 수용체는 강하고 어떤 수용체는 약한 식으로 여러 종류의 수용체를 동시에 활성화했다.

미각의 경우 단맛 수용체는 단맛 물질, 짠맛 수용체는 짠맛 물질에만

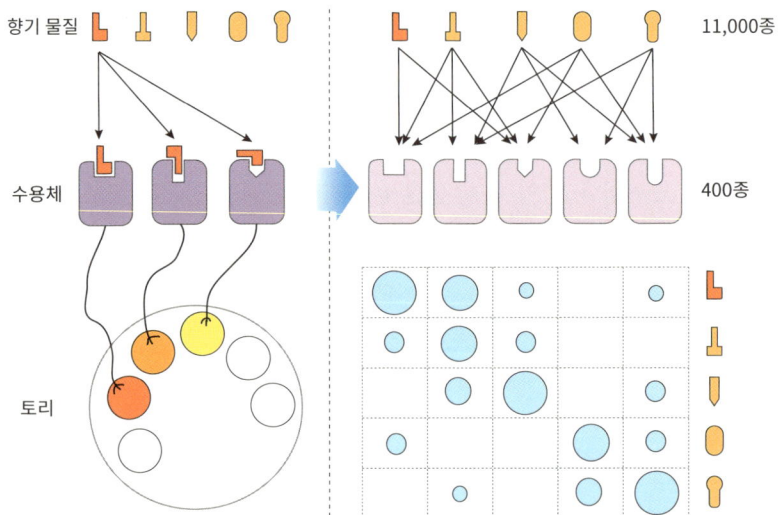

후각 수용체의 작동 특징(후각은 상호작용이 유난히 많다)

반응하는 식으로 상당히 독립적인데, 후각 수용체는 모두 같은 기본구조에서 결합 부위만 약간씩 바꾼 형태여서 그런지 하나의 향기 물질이 여러 수용체를 자극하고, 하나의 후각 수용체가 여러 가지 향기 물질에 반응하기도 했다.

후각 수용체는 구성하는 원자나 분자식은 똑같고 입체적 형태만 아주 사소하게 달라도 전혀 다른 물질처럼 역치가 완전히 들기도 하고, 전혀 다른 분자인데 유사한 향취를 내기도 한다. 후각 수용체를 자극하는 것은 분자 전체가 아니라 일부를 느끼기 때문에 하나의 향기 물질도 여러 부위가 전혀 다른 수용체를 자극할 수 있고, 후각 수용체가 400종이나 되다 보니 모든 수용체가 완벽하게 다르지 않고 비슷한 물질에 반응하기도 한다.

이런 복잡한 상호작용이 400개의 후각 수용체로 어떻게 1조 가지가 넘는 향기를 구별할 수 있는지에 대한 힌트를 주지만, 한편 풀기 힘든 또 다른 수수께끼도 남긴다. 색은 왜 3원색만 있으면 모든 색을 만들 수 있는데, 향은 수백 가지 향기 물질을 가지고도 원하는 향을 마음대로 만들 수 없을까와 같은 질문 말이다.

다양한 상호작용을 한다

향을 혼합하면 그 향기는 당연히 달라지지만 그 패턴은 색을 섞는 것과는 너무나 다르다. 색의 혼합은 선형적이라 섞으면 어느 정도 경험이 쌓이면 어떤 색이 될지 예측할 수 있지만, 향은 비선형적이라 예측이 거의 불가능하다. 한 가지 물질이 동시에 여러 수용체와 결합한다. 어떤 수용체에는 강하게 결합하면서 수용체를 활성화하고, 어떤 수용체에는 약하게 결합하면서 활성화한다. 또한 어떤 수용체에는 결합만 하지 수용체를 활성화하지 못한다. 이 경우 단독일 때는 표시가 나지 않지만 여러 향기 물질과 같이 투입하면 방해(억제) 작용을 한다. 향기 물질이 혼합되면 400가지 수용체를

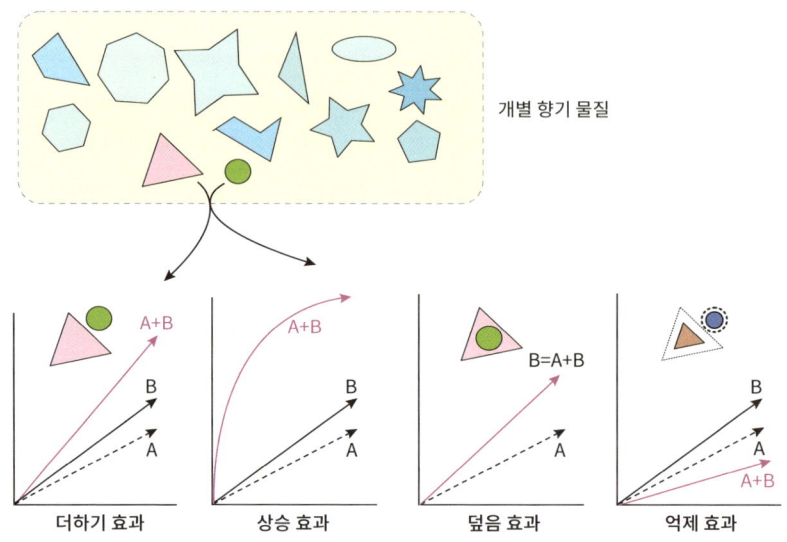

| 더하기 효과 | 상승 효과 | 덮음 효과 | 억제 효과 |

두고 수십 가지 물질이 동시에 희석/경쟁/강화/마스킹 등의 복합적인 상호작용이 동시에 일어나기 때문에 혼합물의 향기가 어떻게 날지 예측할 수 없다.

억제 또한 후각의 핵심적 비밀을 쥐고 있다

많은 경험을 한 조향사라도 원하는 향을 마음대로 만들기 힘든 까닭은 향은 단순히 개별 향기 물질의 특성이 합해진 것이 아니라, 향기 물질 간의 복잡한 상호작용으로 때로는 향기가 강화되거나 억제되거나 심지어 다른 향조로 변하기 때문이다. 그러니 개별 향기 물질의 느낌을 안다고 해도 그것이 다른 물질과 조합되었을 때 어떤 느낌일지 예측하기는 힘들다.

물감은 3원색만 가지고도 원하는 색상을 척척 만들어 내는데, 조향사는 3,000여 가지 향기 물질을 가지고도 원하는 향을 척척 만들어 내기 힘들다. 아무리 경험을 쌓아 개별 향기 물질의 특징을 잘 알아도 향기 물질을 혼합했을 때의 효과를 예측하기 힘들기 때문이다. 혼합의 결과를 예측하기 힘든 것은 결정적으로 억제작용을 예측하기 힘들기 때문이다. A라는 향기 물질 하나만 평가할 때는 1)수용체와 온전히 결합하여 신호를 만드는 것, 2)수용체와 불완전하게 결합만 하고 신호를 내지 못하는 것, 3)신호를 만들지 못한 것이 있다. 여기에 B라는 향기 물질이 추가되면 복잡해진다. 원래 A가 결합할 자리를 B가 차지하고 신호를 만들지 못하거나 B가 결합할 자리를 A가 그 자리만 차지하고 신호를 만들지 못하게 방해를 할 수 있기 때문이다. 이런 억제의 작용은 단독으로는 알 수 없고 상호작용을 했을 때만 드러난다.

이것은 메티오날이나 운데카락톤 같은 물질의 향을 맡아 보면 추정할 수 있다. 메티오날은 감자의 주 향기 물질로 이것이 없으면 감자 향을 만들지 못하는데 느낌이 너무나 복잡하다. 감자 느낌 외에도 토마토, 육수, 크리미함 등 다양한 느낌을 동시에 준다. 삶은 감자에는 메티오날 말고도 다양한 성분이 들어 있다. 그런데 오히려 순수한 감자 느낌이 난다. 조향사는 이

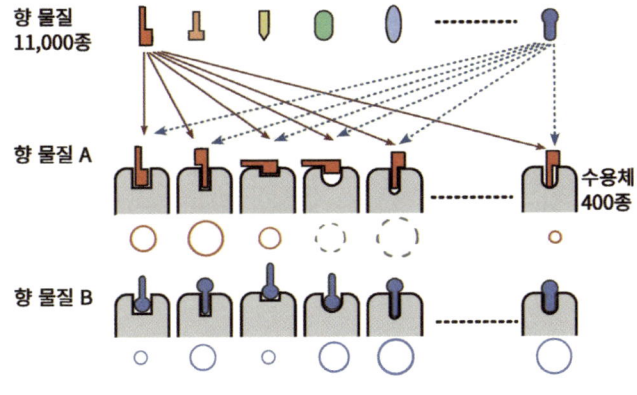

향기 물질의 상호작용 모식도

물질에 다른 향기 물질을 추가하여 감자 향은 살리면서 다른 느낌을 덮어야 한다. 효과적으로 억제를 해야 하는 것이다. 메티오날에 썩은 양배추나 마늘 느낌을 주는 메테인싸이올(Methanethiol)과 구운 커피나 너트 느낌을 주는 피라진(2-Ethyl- 3,5-dimethylpyrazine)을 적절하게 혼합(추가)하면 감자와 마늘과 커피 향이 복합적으로 나는 게 아니라 순수한 감자 칩 향이 난다.

향은 이처럼 여러 물질을 혼합하면 개별 물질의 특성이 계속 쌓이는 것이 아니라 억제, 상승 등의 복잡한 작용으로 예상과 다른 효과가 나타난다. 그래서 향을 혼합하면 풍성해질 수 있지만 오히려 단순해질 수도 있다. 향이 단순해지는 극단적인 현상을 두고 '백색 향기(Olfactory white)'라고 하는데, 어떤 향기 물질들을 유사한 강도로 조절하여 30개 이상 혼합하면 물질의 종류와 관계없이 유쾌하지도 불쾌하지도 않으면서 뭔지 전혀 알 수 없는 똑같은 향기가 되는 현상을 말한다. 노래에 노래를 섞으면 리듬이 풍성해지는 것이 아니라 무슨 노래인지 알 수 없는 것처럼 점점 그 특성이 뭉개지는 현상이다.

이런 억제 작용은 패트릭(Patrick Pfister) 등의 인돌 수용체 실험을 통해서도 확인되었다. 이들은 인돌에 반응하는 향기 수용체와 이들 수용체를

인돌 수용체의 반응(출처: Patrick Pfister 등, Current biology, 2020)

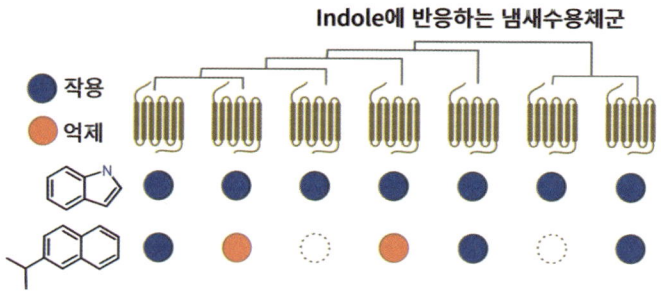

자극하는 인돌 유사 물질을 찾아냈다. 그리고 이들을 혼합했을 때 나타나는 효과를 통해 억제 작용의 의미를 밝혔다. 그런 물질 덕분에 인돌의 냄새에서 특정 느낌을 지울 수 있었다. 조향의 과정은 결국 향기 물질의 조각 모음을 통해 자극하는 기능 70%와 억제 기능 30%를 적절히 활용하는 것이다.

5 이취 물질이 따로 있는 것은 아니다

앞서 향이 너무 강하면 이취로 느껴진다고 설명했는데, 이런 사례는 너무 많다. 과거에 일본인이 한국인에게 '마늘 냄새가 난다'라며 경멸하듯 말한 것은 일본에서는 마늘 대신 생강을 사용하기 때문에 우리보다 마늘 향에 훨씬 예민했기 때문이다. 마늘 같은 향신채소에는 많은 황화합물이 있는데 인류는 황화합물에 극도로 예민하며, 농도와 맥락에 따라 호불호가 극단적으로 나뉘기도 한다. 악취 물질로 꼽히는 것들은 대부분 질소화합물이나 황화합물로 역치가 낮은 것들이고, 이들도 희석하면 충분히 향기 물질로 쓸 수 있다.

인돌(Indole)은 악취로 유명하지만 희석하면 재스민, 튜베로즈 등의 향에 불가결한 성분이 된다. 소량의 인돌이 있어야 더 풍부한 향으로 비싼 대접을 받는 것이다. 인돌은 꽃 외에도 여러 향기에 들어 있지만, 악취로 느끼기는커녕 그 존재도 모르는 경우가 대부분이다. 인돌은 트립토판(아미노산)의 분해로 쉽게 만들어지는 물질이기도 하여 곳곳에 조금씩은 들어 있다. 심지어 상당히 고농도의 인돌이 사람들의 사랑을 받기도 한다. 캘빈 클라인의 '이터너티(Eternity)'는 인돌을 가장 많이 사용한 향수다. 사실 과거에는 인돌처럼 동물적인 느낌의 향기 물질이 향수의 원료로 많은 사랑을 받았다.

호불호는 맥락(경험)에 따라 완전히 달라진다

사람들의 맛에 대한 심리는 정말 복잡다단하다. 어떤 때는 사소한 이취에 불쾌감을 느끼기도 하고, 어떤 때는 다른 사람은 심한 악취가 난다며 외면하는 음식을 좋아하기도 한다. 돼지고기를 좋아한다고 하면서도 고기에서 나는 돼지 냄새는 싫어한다. 지금 우리가 먹는 동물은 쇠고기, 돼지고기, 양고기, 닭고기 정도이며 그조차 냄새가 없도록 품종을 개량하고, 사료를 통제하여 키운 것들인데도 그렇다. 채소와 같은 식물성 재료보다는 고기와 같은 동물성 재료의 향에 유난히 호불호가 강해서 향이 조금만 달라도 이취로 생각하는 경우가 많다. 고기에 대해서 유난히 보수적이기 때문이다.

예전에는 청국장은 좋지만, 치즈는 대단히 불쾌하다는 사람이 많았는데, 요즘은 거꾸로 블루치즈를 좋아하면서 청국장은 싫어하는 사람이 늘고 있다. 뷰티르산(Butyric acid)은 상한 음식에서 많이 생성되는 물질로서 과거에는 부패취의 대명사였는데, 최근 뷰티르산의 향기를 맡게 하고 연상되는 것을 물으면 토사물보다는 치즈를 연상하는 사람이 훨씬 많아졌다. 데칸알(Decanal)은 기름취이기도 하지만 고수의 대표적인 향기 물질이다. 흔히 말하는 고수에서 나는 비누 향기가 데칸알 성분인데, 이 향기를 맡게 하면 쌀

상황에 따른 선호도의 변화

성분	바람직할 때	이취로 느낄 때
E,E-2,4-Decadienal	닭, 고기	감자
2-Methoxy-4-vinylphenol	커피	오렌지 주스
Methional	튀김	오렌지 주스
2-Methyl-3-furanthiol	소고기	오렌지 주스
Prenyl thiol	커피	맥주
Sotolon	페누그릭	시트러스 주스

국수를 먼저 떠올리는 사람들이 많아졌다.

이처럼 향기에 대한 선호도는 다분히 학습에 의한 것이다. 향기는 자극일 뿐 가치중립적인데, 경험과 학습에 따라 좋은 쪽인지 나쁜 쪽인지 취향을 확립해간다. 향은 결국 맥락에 좌우된다. 향기는 음식을 기억하는 수단이지 음식의 가치에 대한 평가가 아니며, 그 음식을 통한 이득이 충분하다면 얼마든지 향에 대한 취향을 바꿀 수 있다.

담배 냄새는 왜 점점 혐오의 대상이 되어갈까?

새해가 되면 금연을 결심하는 사람이 많다. 흡연은 자신의 건강에 매우 심각한 피해를 주고, 남에게도 직간접적인 피해를 준다. 코로나 이후 재택근무가 늘면서 '층간 흡연' 분쟁이 늘고 있다고 한다. 다른 집에서 넘어오는 담배 냄새에 심한 불쾌감이나 불안감을 느껴 관리사무소에 항의가 쏟아지고, 갈등이 층간 소음 수준으로 확대된 것이다. 그런데 담배 냄새 자체가 그렇게 악취이거나 위험할까?

담배는 기원전 16,000년 전부터 존재하던 식물이고, 페루 등에서 기원전 5,000년부터 재배했다고 하니 인류 역사와 함께한 식물이라 해도 과언이 아니다. 그들은 담배를 신과 소통하는 제 의식에 사용했는데, 담배를 피우는 행위는 기도였고 연기는 기도의 전령이었다. 향수의 단어 Perfume은 'per(통해서) fumum(연기)'에서 유래한 것이다. 그만큼 과거에는 초자연적인 현상이었다. 그 후 1492년 콜럼버스를 통해 서구에 전해졌다.

담배 냄새가 처음부터 혐오의 대상은 아니었다. 사실 말린 담뱃잎 자체의 냄새는 제법 근사한 편이고, 태울 때 나는 냄새도 다른 나뭇잎을 태울 때의 냄새와 비교해도 크게 나쁘지 않다. 과거에도 담배 연기는 맵고, 쓰고, 메스꺼웠지만 그것은 잎을 태울 때 나는 연기를 마셨을 때와 다르지 않다. 그렇다면 낙엽 태우는 냄새는 좋은 냄새일까? 이효석의 수필 「낙엽을 태우면서」에는 "낙엽 타는 냄새같이 좋은 것이 있을까. 갓 볶아낸 커피의 냄새가 난다"라고 나온다. 이처럼 과거에는 낙엽 태우는 냄새를 가장 좋은 향의 하나로 생각했다. 낙엽 등 뭔가를 태우는 것은 추운 겨울에 살아남기 위한 결정적 수단이었다. 그래서 어두컴컴한 부엌에 웅크리고 앉아서 새빨갛게 피어오르는 불꽃을 한없이 바라보기도 했고, 지금도 불멍이라는 단어가 있을 정도로 불은 우리에게 특별한 감정을 준다.

담뱃잎을 태우는 냄새가 낙엽 태우는 냄새와 전혀 다를까? 낙엽 냄새에서 커피 향이 느껴진다고 했는데, 반대로 커피를 추출한 커피 퍽의 향을 맡아보면 담배 냄새가 느껴지는 경우도 많다. 과거에는 불을 때면서 연기를 마시는 것이 너무나 일상적인 일이었다. 실내나 비행기처럼 닫힌 공간에서 피우는 것마저 용인되기도 했다. 그런데 지금은 전자담배의 냄새마저 혐오의 대상이 되었다. 담배에 대한 혐오가 냄새에 대한 혐오로 진화한 것이다. 실제 담배의 유해성은 흡연에서 생기지 담배 그 자체나 냄새에 의해서는 생기지 않는다. 아이들이 편의점에 간다고 거기에 진열되고 판매되는 담배를 걱정하지는 않는 것처럼 멀리서 나는 담배 냄새를 걱정할 필요까지는 없다.

담배의 유해 물질은 흡연자가 가장 많이 마시게 되고 멀어질수록 급격히 줄어든다. 반면 담배 냄새는 가벼워 멀리 가고, 인간의 코는 태운 냄새에 유독 민감하다. 그러니 멀리서 풍기는 담배 냄새에는 나에게 피해를 줄만한 것이 없다. 층간 흡연은 없어져야 하지만 담배 냄새에 과도한 스트레스를 받을 필요도 없다.

향기 물질을 통해 우리 후각의 특성과 향기의 본질을 알게 되면 우리는 불필요한 오해와 걱정을 줄일 수 있게 되고, 자신의 취향에 맞추어 더 자유롭게 향을 즐길 수 있을 것이다.

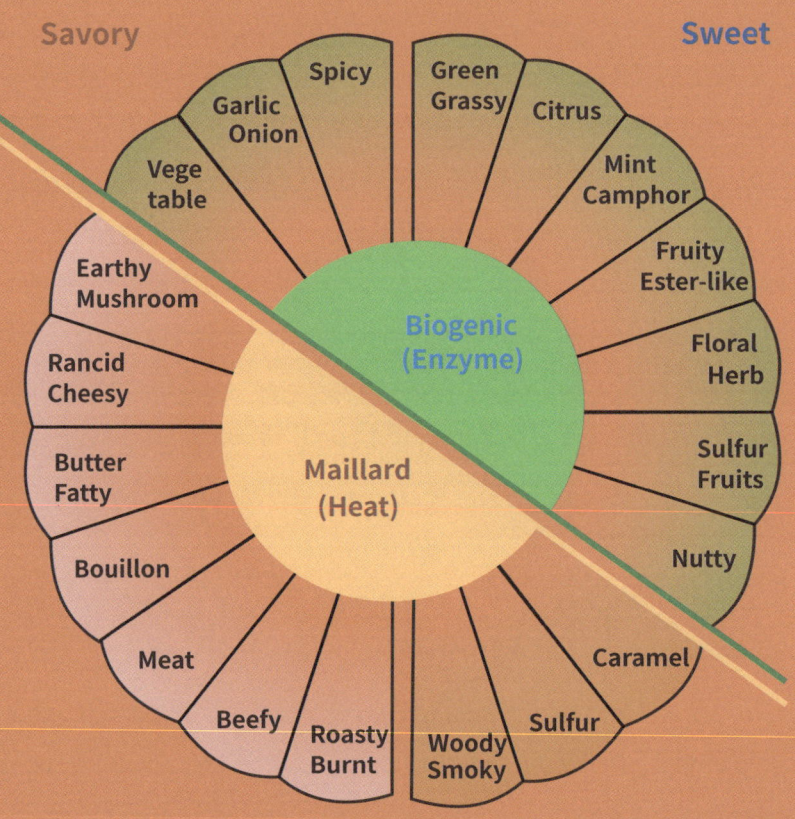

PART 2

알아두면 좋은
60가지 향기 물질

1 터펜계 향기 물질

2 방향족 향기 물질

3 카보닐 향기 물질

4 에스터와 락톤

5 가열로 만들어진 향

6 황화합물

7 질소 화합물

효소, 발효, 가열

향에 관심이 많은 평범한 사람이 향기 물질을 공부하려면 어떤 물질부터 공부하면 좋을까? 나는 무조건 터펜계 물질을 추천한다. 향기 물질을 기원에 따라 분류하면 크게 터펜계, 방향족, 지방족으로 나눌 수 있는데, 이 중 터펜계 물질이 가장 많은 양을 차지하고 있으며, 동시에 가장 기본이 되기 때문이다. 나는 생명에 관련된 물질은 항상 많은 것부터 공부하는 것이 좋다고 생각한다. 더구나 터펜계 물질은 2차 대사산물이기는 하지만 나름의 의도성이 있어서 합성경로의 추적을 통해 계통을 파악할 수도 있다.

다음으로는 방향족 물질을 추천한다. 식물(나무)은 크고 단단한 몸집을 유지하기 위해 셀룰로스와 헤미셀룰로스로 강도가 높은 구조체를 만들고, 이들을 붙잡는 접착제 역할을 위해 리그닌을 다량 합성한다. 그리고 이 리그닌 합성의 원료가 되는 것이 페닐알라닌이라는 아미노산이다. 식물은 다른 아미노산에 비해 압도적으로 많은 양의 페닐알라닌을 만들고, 리그닌을 합성하는 중간 과정에 여러 향기 물질을 만든다.

이렇게 식물의 효소에 의해서 만들어지는 물질을 공부했다면 다음으로는 발효에 의해 만들어지는 향기 물질도 알아볼 필요가 있다. 모든 생명체는 살아가기 위해 대량의 에너지(ATP)를 필요로 한다. 그리고 ATP 생성을 위해 필요한 것이 포도당이다. 포도당 분자 하나를 완전히 연소시키면 30개 정도의 ATP를 재생할 수 있다. 포도당을 피루브산으로 분해한 뒤 알코올로 변환된 것이 술이고, 이산화탄소로 완전히 분해하는 것이 호흡이다. 알코올 발효는 결국 대량의 포도당으로부터 대량의 알코올을 만드는 과정이며, 그 과정에서 부산물로 약간의 향기 물질이 만들어진다. 알코올에 비해 정말 적은 양이지만 이때 생기는 향이 술의 품질을 좌우한다. 알코올 발효의 중간 과정이 유기산으로 연결되어 있고, 이들이 알코올에 결합하여 다양한 에스터류가 만들어지는 것이다.

효소로 만들어지는 향기 물질을 공부했다면, 마지막으로 가열을 통해 만들어지는 향기 물질을 공부할 필요가 있다. 캐러멜 반응, 메일라드 반응 등을 통해 많은 향기 물질이 만들어지는데, 확률적으로 랜덤하게 만들어지는 경향이 있어서 그 과정을 추적하기는 쉽지 않다. 하지만 우리 인류가 좋아하는 향은 대부분 이렇게 가열로 만들어진 것들이다. 요리가 인류의 생존과 뇌의 발전에 워낙 큰 역할을 한 덕분인지, 가열할 때 만들어지는 향에 대한 감수성이 다른 동물에 비해 매우 높다. 특히 황화합물에 대해 그렇다. 그러니 음식의 매력을 좌우하는 황화합물을 공부할 필요가 있고, 피라진처럼 내열성이 있는 향기 물질에 대해서도 공부할 필요가 있다.

이 책에 등장하는 향기 물질이 향을 공부하기에 최고의 선택이 아닐지는 몰라도 나름 가장 대표적인 것과 후각을 이해하는데 유용한 것들로 채운 최적의 선택 정도는 될 것이다. 이런 시도가 다양해지고, 그래서 향기 물질과 실제 음식의 연결이 많아질 때 우리의 향미에 대한 진정한 이해와 탐험이 이루어질 것이라 생각한다.

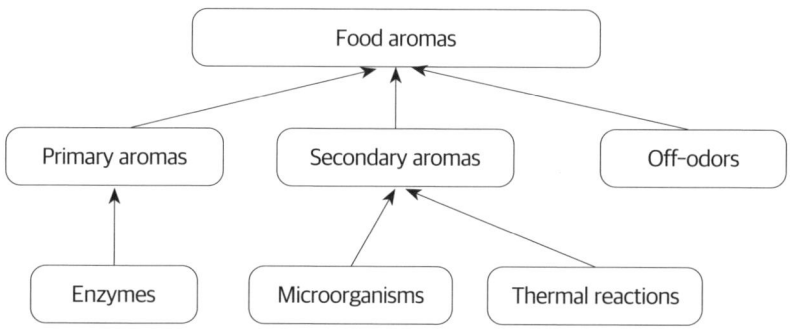

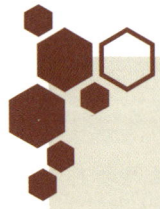

알아두면 좋은 향기 물질

1
터펜계 향기 물질

1	터펜계 향기 물질
2	방향족 향기 물질
3	카보닐 향기 물질
4	에스터와 락톤
5	가열로 만들어진 향
6	황화합물
7	질소 화합물

나는 앞서 얘기한 것처럼, 전문가나 종사자가 아닌 향기 물질을 공부하는 일반인에게 무조건 터펜계 물질부터 시작하기를 추천한다. 식물이 만드는 가장 기본적인 향인 동시에 가장 많은 양을 차지하고 있기 때문이다. 더구나 효소로 만들어진 것이라 그 계통적 분류도 쉽다. 터펜계 향기 물질은 5개의 탄소 원자로 구성된 이소프레노이드로부터 만들어진다. 이소프렌은 불포화 결합과 가지 구조를 띠고 있어서 결합 방식에 따라 매우 다양한 형태를 가지고 변형된다. 그리고 이들은 과일(특히 감귤류)과 향신료 등의 기본적인 아로마를 제공하며 피톤치드의 주성분이기도 하다. 꽃과 식물의 기본적인 향기 물질이다.

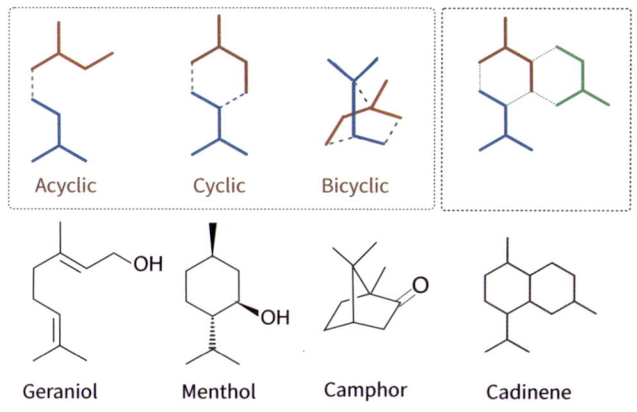

터펜 분자는 작고 휘발성이 강해 코에 가장 먼저 닿아서 가볍고 부드러운 최초의 인상을 제공한다. 고온에서 향을 사용하면 이들 분자가 열에 의해 쉽게 증발하여 향조가 변하거나 산화 때문에 쉽게 냄새가 변하기도 한다. 신선한 느낌이 사라지는 것에는 이들이 많은 역할을 한다. 터펜은 아로마테라피와 항균 능력도 부여한다. 피톤치드가 대표적이다. 숲에서 방출하는 피톤치드는 수목이 자신을 보호하기 위해 발산하는 휘발성 물질로써 보통 활엽수보다는 침엽수(소나무, 잣나무, 노송나무 등)에서 많이 방출된다. 식물이 지구 전체에서 방출하는 모노 터펜은 연간 1.5억 톤 정도로 알려져 있다.

이런 터펜의 기본 물질은 이소프렌(Isoprene)이며, 사이드체인과 불포화 결합이 있는 탄소 5개로 구성된 독특한 형태의 탄화수소다. 이 분자는 모든 식물이 합성하고, 식물이 대기 중으로 가장 많이 방출하는 탄화수소이기도 하다. 그 양은 연간 6억 톤으로, 총량의 1/3을 차지한다. 인류가 생산하는 플라스틱의 총량이 5억 톤 정도인데 그보다 많은 것이다. 이런 이소프렌으로부터 터펜을 비롯한 수많은 분자가 만들어진다. 식물이 만드는 대표적인 것으로는 카로티노이드가 있고, 동물이 만드는 대표적인 것으로는 콜레스테롤이 있다. 이소프렌이 가장 길게 결합한 것이 고무와 치클이다. 천연고무는 이소프렌 700~5,000개가 시스-1,4 결합으로 길게 연결된 것이고, 껌의 원료가 되는 치클은 트랜스-1,4 결합을 한 것이다.

이처럼 가장 먼저 이소프렌을 설명하는 이유는 이소프렌이 2개 결합한 터펜과 3개 결합한 세스퀴터펜이 식물이 만드는 향기 물질을 이해하는 데 가장 중요하기 때문이다. 그리고 터펜이 4개 결합하면 식물에게 정말 중요한 카로티노이드가 된다. 식물은 광합성을 통해 살아가는 생명체이고, 광합성의 주인공은 클로로필이지만, 그것을 보조하는 핵심 성분이 바로 카로티노이드 계통의 색소이다. 광합성을 위해서는 밝은 빛에 노출되어야 하고, 그 과정에서 활성산소도 많이 만들어진다. 이때 카로티노이드가 활성산소를 제거하고 에너지가 큰 짧은 파장의 빛을 흡수하여 광합성의 효율을 높인다. 그러니 우리는 어쩌면 식물이 카로티노이드를 합성하기 위해 만든 경로 덕분에 풍부한 식물의 향을 즐길 수 있게 되었다고 볼 수 있다.

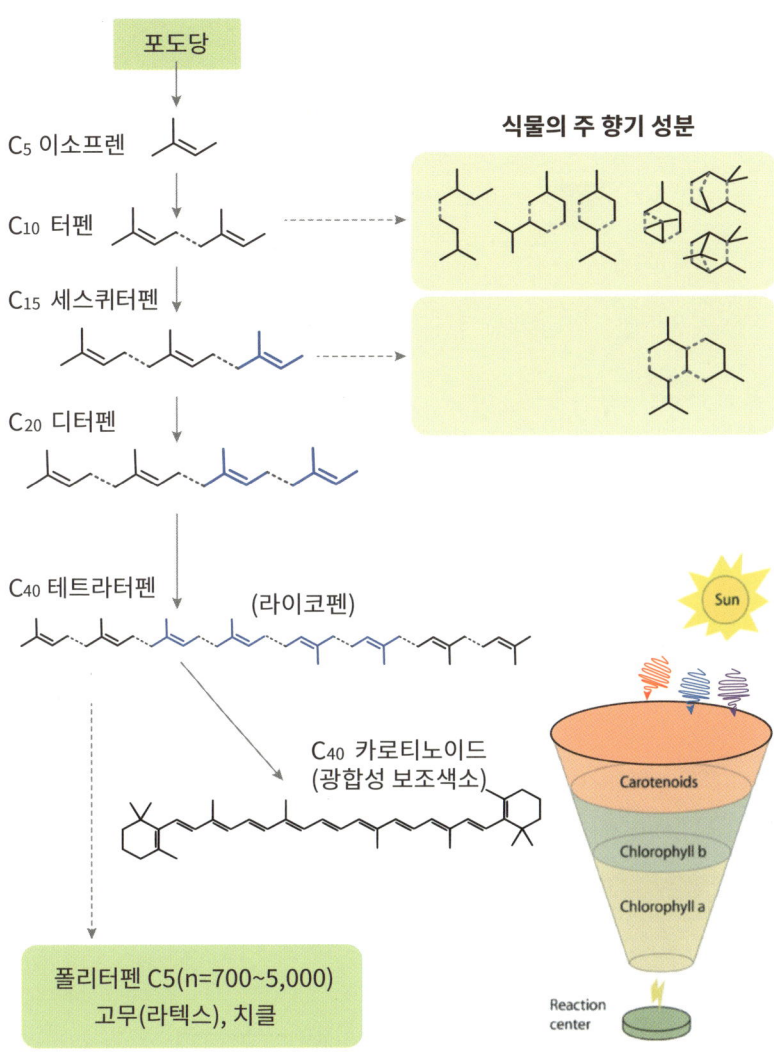

리모넨 Limonene

Orange
Berry
Terpene
Citrus
Fruity
Fresh
Light
Sweet

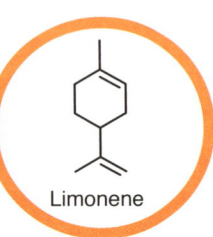

리모넨: Citrus 공통 성분

오렌지 1톤에서 얻을 수 있는 오일의 양

오렌지 1,000kg

553kg

Peel oil 3kg

껍질, 씨앗 펄프 443kg

Essence Oil 0.1kg
Aroma 1.1kg

65bx 농축액 100kg

증발액 452kg

우리가 가장 많이 섭취하는 향기 물질

리모넨(Limonene)은 감귤류 등에 풍부하게 들어 있는 성분이며, 이름부터 레몬에서 유래했다는 것을 알 수 있다. 리모넨은 d형과 l형이 있는데, d-리모넨은 감귤류에 많으며 l-리모넨은 소나무과 식물에 많다. 시트러스 오일의 대표적인 성분이 리모넨이다. 보통 70% 이상, 많게는 97%까지 차지하여 모든 시트러스류 향기 물질의 기반이 된다. 그러니 식물이 만드는 향 중에 인류가 가장 많이 섭취하는 향기 물질이 리모넨일 것이다. 리모넨은 향이 강한 편은 아니어서 시트러스 외에도 대부분 식물에 포함되어 있지만 그 존재를 잘 모르는 경우가 많고, 또 다른 향료 물질의 생산을 위한 원료로 많이 사용된다.

	오렌지	만다린	포멜로	라임	평균
Limonene	90.42	74.46	70.46	59.6	73.7
γ-Terpinene	0.01	12.65	11.09	15.6	9.8
Myrcene	2.81	2.3	1.97	1.69	2.2
β-Pinene	0.05	0.89	0.76	5.81	1.9
α-Pinene	0.81	2.14	1.69	0.7	1.3
Sabinene	0.99	0.27	0.22	1.49	0.7
Terpinolene	0.07	0.7	0.22	0.93	0.6

오렌지 향은 상큼하고 가벼운 달콤함이 균형 잡혀 있다. 그래서 친근하고 정감이 간다. **네이블오렌지**는 중국에서 기원한 것으로 추정되는데, 이 과일의 배꼽(네이블; Navel)이 인간의 배꼽과 비슷하게 생긴 것은 이차적인 조각의 발달 때문이다. 네이블오렌지는 씨가 없고 쉽게 껍질이 벗겨지기 때문에 생으로 먹기 좋다. 하지만 나무의 성장 조건이 대단히 까다롭고, 과즙에 함유된 에스터의 양도 적다. 또 네이블오렌지로 만든 주스는 약 30분

정도 지나면 쓴맛이 강해진다. 세포들이 파괴되면서 효소가 활성화되어 강한 쓴맛이 나는 리모닌(Limonin)이 만들어지기 때문이다. 그래서 상업적인 오렌지 주스는 리모닌이 적은 품종으로 만들어진다.

블러드오렌지는 적어도 18세기 이후부터 지중해 남부 지역에서 재배해 왔으며 이탈리아의 주된 오렌지 품종이다. 감귤류의 향과 산딸기와 유사한 독특한 향이 결합해 있다.

자몽은 18세기에 카리브 지역에서 스위트오렌지와 포멜로 사이의 잡종으로 만들어졌으며 주로 미주 지역에서 재배한다. 자몽의 붉은색은 라이코펜(Lycopene) 때문이며, 특징적인 쓴맛을 내는 나린진(Naringin)은 과일이 익으면서 농도가 낮아진다. 자몽은 특히 복잡한 향을 가지고 있으며, 역치가 낮은 황을 함유한 멘텐싸이올(p-Menth-1-en-8-thiol)이 특징적이다.

라임은 감귤류 중 산도가 가장 높아 구연산 비중이 8%에 달한다. 라임 특유의 향은 터펜의 미향에서 비롯된 것이다.

레몬은 시트론과 라임 사이의 교배를 다시 포멜로와 교배한 것으로 추정한다. 현재는 주로 아열대 지역에서 재배하고 있다. 레몬은 산의 함량이 높고 향이 산뜻하여 수많은 음료의 기본 재료로 사용된다.

조향사들이 좋아하는 시트러스류는 대부분 먹기 거북한 변종들이다. **비터오렌지**에서는 페티그레인, 네롤리, 오렌지 블로섬이 추출된다. 같은 원료의 꽃이지만 네롤리는 증기 증류로 추출하고, 오렌지 블로섬은 앙플뢰라주(Enfleurage: 냉침법) 또는 용매 추출한다. 비터오렌지는 너무 써서 그대로 먹을 수 없고, 설탕에 졸이거나 마말레이드로 만들어야 먹을 수 있다. 이 꽃을 증류하여 만든 네롤리 오일은 향수 제조사에서 가장 인기 있는 에센셜 오일 중 하나다. '네롤리'라는 이름은 이 오일의 열렬한 팬이었다고 알려져 있는 17세기 이탈리아 네롤라의 공주였던 안나 마리아 데 라 트레모야로부터 유래되었다. 그녀는 비터오렌지 에센스를 장갑과 목욕용 향수에 사용하면서 사람들에게 세련된 향수로 소개했고, 그 후로 이 오일은 네롤리라고 불려졌다. 네롤리의 인기가 높아지자 같은 식물에서 사촌격인 페티그레인을 추출하기도 했다. 페티그레인 오일은 비터오렌지 나무에서 아직 덜익은 초록색 열매와 잔가지, 잎으로부터 추출한다.

조향사들이 좋아하는 또 한 가지 변종인 베르가못 또한 맛이 아주 쓰다. 껍질에서 에센셜 오일을 얻을 수 있는데, 이 베르가못을 사용한 향수가 18세기 유럽 전역을 뒤흔들었으며 루이 15세, 나폴레옹, 모차르트 등이 애용했다. 괴테는 이 향수를 적신 손수건을 한 상자씩 책상 앞에 놓아두고 그 향을 맡아가며 글을 썼다고 한다. 베르가못은 차의 원료로도 쓰이는데, 홍차 잎과 섞어서 만든다. 이 차를 좋아했던 영국의 총리 얼 그레이(Earl Grey)의 이름을 따와서 얼 그레이 차로 불린다.

시트랄 Citral(Neral + Geranial)

시트랄은 단일 물질이 아니다.

Lemon peel, Citrus, Juicy Green, Lime, Woody, Herbal

시트랄은 쉽게 산화된다.

Citral (Neral, Geranial) → (산촉매 고리화) p-Menthadien-8-ols → p-Cymene / (산화) p-Methyl Acetophenone + p-Cresol

↓ a,p-Dimethyl stylene + p-Cymen-8-ol

레몬 주스의 신선함이 오래가기 힘든 이유

시트랄은 단일 물질이 아니라 두 개의 기하학적 이성질체를 합한 것으로써 E형은 제라니알(trans-시트랄, 시트랄 A)로 불리고, Z형은 네랄(cis-시트랄, 시트랄 B)로 불린다. 이처럼 다른 입체 이성질체가 혼합물로 존재한다.

시트랄이 함유된 식물로는 레몬 머틀(90~98%), Litsea citrata(90%), Litsea cubeba(70~85%), 레몬그라스(65~85%), 레몬 티트리(70~80%), Ocimum gratissimum(66.5%), Lindera citriodora(65%), Calypranthes parriculata(62%), petitgrain(36%), 레몬버베나(30~35%), 레몬밤(11%), 라임(6~9%), 레몬(2~5%), 호주 생강 오일(51~71%) 등이 있으며, 여기서 추출한 시트랄은 비타민 A, 라이코펜, 이오논, 메틸이오논 등의 합성원료로 사용된다.

시트랄은 레몬 주스의 핵심 물질로써 매우 신선한 느낌을 주지만, 빛에 의해 쉽게 산화되어 제품에 이취를 발생시키는 단점이 있다. 시중에서 투명용기에 담긴 레몬 음료를 보기 어려운 이유가 이것이다. 맛을 공부하다 보면 신선함, 잘 익은, 구수한, 개운한, 시원한 국물 등 실체를 알기 힘든 감각을 자주 접하게 되는데, 시트랄은 그런 신선함의 의미가 무엇인지를 고민해볼 좋은 대상이기도 하다.

리날로올 Linalool

Flower
Tea
Coriander
Citrus
Floral
Waxy
Woody

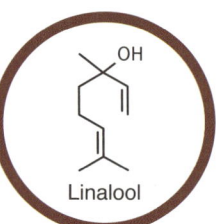

홍차의 4대 계열

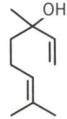
Linalool
다즐링(머스캣)

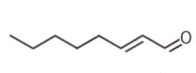
trans-2-Octenal
아쌈

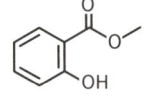
Methy salicilate
우바

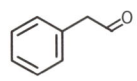
Benzene acetaldehyde
기문

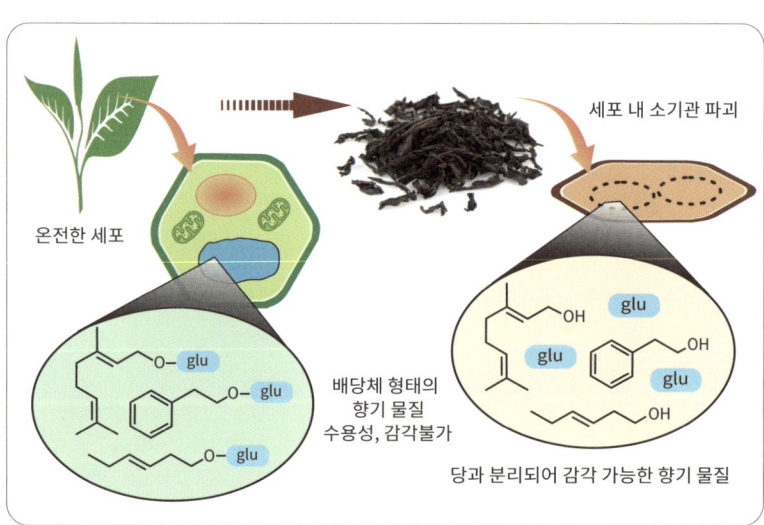

자연에 아주 흔하지만 따로 보면 낯선 향

리날로올은 터펜 물질 합성의 첫 단계로 만들어지는 물질이다. 그래서 대부분의 식물에 존재하지만, 리날로올만 단독으로 대량 함유한 천연물이 없기 때문에 우리는 리날로올 자체의 향을 생소하게 느낄 수밖에 없다. 그런데 이 향을 알고 나면 차의 향에서도 리날로올을 찾을 수 있게 된다.

홍차는 독특한 풍미로 전 세계인의 사랑을 받으며 많은 소비량을 자랑한다. 홍차는 보통 '채엽-시들리기-비비거나 자르기-산화발효-건조'의 과정을 통해 과일 향, 꽃 향, 꿀 향 등 다양한 향기 성분이 만들어진다. 전 세계 수많은 홍차 중에서도 특유의 머스캣 향을 가진 인도의 '다즐링 홍차', 몰티 향과 장미 향이 특징인 인도의 '아쌈 홍차', 송연 향의 '기문 홍차', 달콤하고 윈터그린(노루발풀) 향이 매력적인 스리랑카의 '우바 홍차'는 각각 특유의 향과 맛으로 세계 4대 홍차로 손꼽힌다. 이렇듯 차의 향기는 품질을 결정하고 소비와 시장성에 중요한 조건이 되어 꾸준히 활발한 연구가 이루어지고 있다.

차에는 제라니올, 시스-3-헥세닐 헥사노이트, 벤젠아세트알데히드, 베타-이오논, 시스-리날로올옥사이드, 살리실산메틸 등의 물질이 있는데, 다즐링 홍차에는 리날로올과 트랜스-리날로올 산화물(푸라노이드형), 아쌈 홍차에는 트랜스-2-옥테날, 우바 홍차에는 살리실산메틸 그리고 기문 홍차에는 벤젠아세트알데히드 성분이 각각 가장 대표적인 향기 물질이다.

리날로올옥사이드

같은 차나무에서 나오는 잎이라 해도 가공방식, 지역적 특성, 수확 시기, 재배방식 등의 차이에 따라 맛이 크게 달라진다. 가공과정에서 가장 흔하게 일어나는 것은 리날로올이 리날로올옥사이드로 산화되는 현상이다. 차를 가공하는 것은 배당체 형태로 들어 있는 향기 물질에서 당을 분해하여 향기 성분을 활성화하는 것이 목적이지만, 이 과정에서 터펜 물질의 산화도 일어난다.

　수확기에 차광재배를 하면 햇빛을 더 받기 위해 클로로필을 더 많이 만들어 차의 잎에 색이 증가한다. 대만의 동방미인차는 일부러 벌레가 잎을 먹게 한다. 그러면 차에 Hotrienol이 만들어져 더 귀한 대접(높은 가격)을 받는다.

제조 공정에 따른 차의 분류

차잎	Bruising	Oxidation	Fixation	Shaping	Drying	
			Steaming / Panning	Rolling → Forming	Drying	녹차
			Sweltering (Yellowing)	Light rolling	Drying	황차
Wilting			Baking	Rolling	Drying	백차
	Tossing	부분산화	Baking / Panning	Rolling / 볼 Rolling	Drying	우롱차
	가벼운 분쇄	완전 산화		Rolling	Drying → 훈연	홍차
	CTC with full oxidation					

60

리날로올에서 만들어지는 향기 물질

제라니올 Geraniol

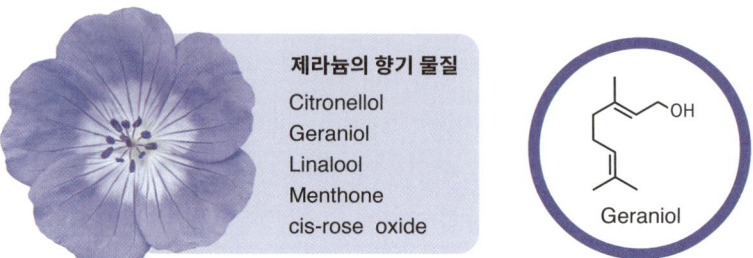

제라늄의 향기 물질
Citronellol
Geraniol
Linalool
Menthone
cis-rose oxide

Flower, Sweet, Floral, Fruity, Rose, Waxy, Citrus

향수의 대표적인 원료 물질

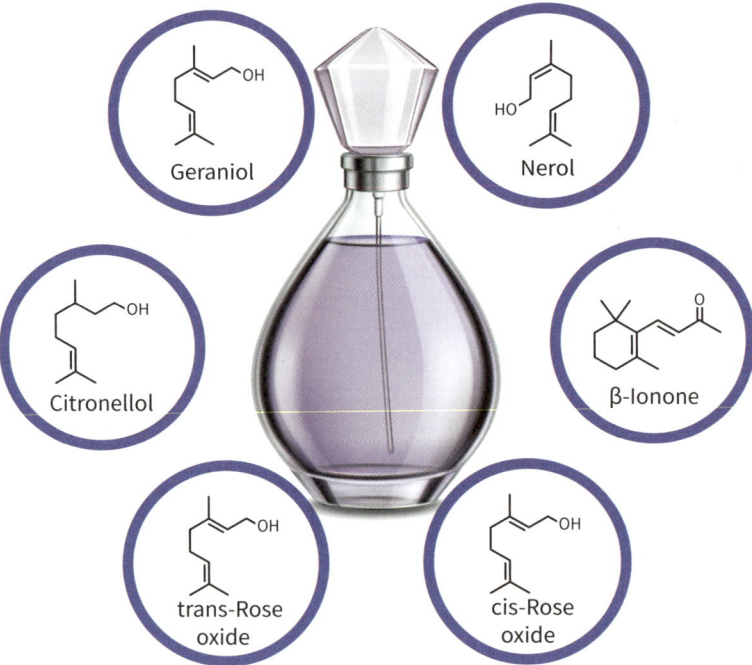

향수의 원료가 된 꽃 향

제라니올은 장미 오일, 팔마로사 오일, 시트로넬라 오일의 주성분이며, 제라늄, 레몬 등 여러 정유(精油)에도 소량 포함되어 있다. 장미 같은 향이 나며 복숭아, 산딸기, 자몽, 사과, 자두, 라임, 오렌지, 레몬, 수박, 파인애플, 블루베리 등의 맛을 내는 데도 사용한다.

제라니올 외에도 많은 식물이 향수의 원료로 쓰이는데, 특히 라벤더는 향수 업계에서 가장 많이 쓰이고 있는 방향유 중 하나다. 예전에는 의료용으로 쓰였을 정도로 '깨끗하고', '신선한' 느낌을 주는 향이다. 라벤더 가지를 태우면 매우 강한 향이 나는데 페르시아, 그리스, 로마인들은 이렇게 하면 환자가 있는 병실의 잡귀를 쫓아낸다고 믿었다. 라벤더 향은 지금도 깨끗하게 한다는 의미로써 비누나 목욕용품 등에 흔하게 쓰이고 있다. 널리 경작되는 까닭에 비교적 경제적인 기본 원료이기도 하다.

라벤더속 식물성 기름은 많은 향수에 쓰이고 있다. 시프레(Chypre)와 같은 향수에서 찾아볼 수 있는 활기 넘치는 채소(Vegetable) 뉘앙스는 소량의 라벤더나 라반딘 오일을 첨가하면 얻을 수 있다. 푸제르(Fougere)류의 향수에는 이런 식물성 오일의 양이 많은 편이다.

민트과 식물도 향수의 원료로 널리 쓰인다. 페퍼민트, 스피어민트, 멜리사(Melisa), 백리향(타임; Thyme), 바질, 로즈메리(Rosemary), 세이지(Sage), 마조람(Marjoram) 등이다. 증기 증류로 연간 1,000톤의 오일이 생산되고 있다.

피넨 Pinene

Dry
Woody
Resinous
Pine
Hay
Green

β-Pinene

Terpentine

β-Pinene   α-Pinene

Terpineol

Camphene,
Borneol, etc

Myrcene

Pinanol

Geranol
/Nerol

linalool

Citronellol

Citronellal

Citral

Menthol

Ionone
& Vitamins

향신료에 흔한 향기 물질
1. Pinene
2. Limonene
3. Linalool
4. Cineole
5. Myrcene
6. Eugenol
7. Geraniol
8. Caryophyllene
9. Citral
10. Phellandrene

피넨 향을 맡으면 소나무가 떠오르는 이유

추석 하면 가장 떠오르는 음식은 송편이다. 송편은 원래 소나무 송(松)과 떡 편(餠)의 합성어에서 비롯된 이름으로, 송편을 찔 때 시루에 솔잎을 깔던 것에서 유래했다. 요즘은 많이 사라졌지만 솔잎을 깔면 떡이 서로 달라붙지 않고, 솔잎 무늬와 솔 향이 추가되어 더욱 먹음직스러워진다. 그리고 솔잎에 풍부한 피톤치드 성분은 송편이 상하지 않고 오래 보관할 수 있게 한다.

소나무 등 침엽수가 많은 숲에 가면 특유의 상쾌한 향을 느낄 수 있는데, 이것이 바로 식물이 여러 곤충이나 미생물로부터 자신을 보호하기 위해 내뿜는 피톤치드이다. 피넨(Pinene)은 피톤치드의 대표적인 성분의 하나로 나이 든 사람은 피넨 향을 맡으면 바로 소나무를 떠올릴 정도로 우리와 매우 친숙하다. 그런데 피넨은 소나무뿐 아니라 모든 식물이 가장 쉽게 합성하는 향기 물질의 하나다. 식물이 터펜 물질로 맨 처음 만드는 것이 리모넨, 리날로올, 제라니올, 피넨 같은 물질이라 향신료와 식물의 향기 성분에는 대부분 조금씩 들어 있다. 그중에서도 특히 소나무가 피넨 한 가지만 유난히 많이(80% 이상) 만들어서 우리가 소나무 향으로 인식하는 것이다. 소나무처럼 한 가지 향기 물질만 80% 이상 만드는 경우는 드물다.

소나무 수액(Turpentine)을 얻으면 고순도의 피넨(60~65% α-Pinene, 20~35% β-Pinene)을 얻을 수 있고, 이것을 미르센(Myrcene), 네롤(Nerol), 라니로올, 시트랄, 시트로넬롤 등을 합성하는 원료로 사용한다. 이런 반합성법을 이용하면 저렴한 원료로부터 쉽게 고가의 향기 물질을 만들 수 있다. 그리고 최종적으로 수요가 많은 멘톨도 합성 가능하다. 멘톨은 워낙 수요가 많아 추후 온갖 합성법이 개발되었다.

멘톨 Menthol

Cooling
Mentholic
Minty

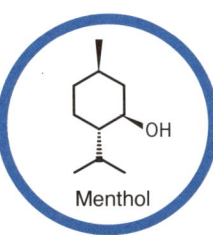

Menthol

온도 수용체에 작용하는 향기 물질

Piperine(흑후추)
AITC(겨자)
Allicin(마늘)
Cinnamaldehyde
Eugenol
Tymol

Menthol
Geraniol
Eucalyptol
Linalool

Camphor
Eugenol
Thymol
Vanilloid

Capcaicin
Piperine
Gingerol
Eugenol
Allicin
Camphor

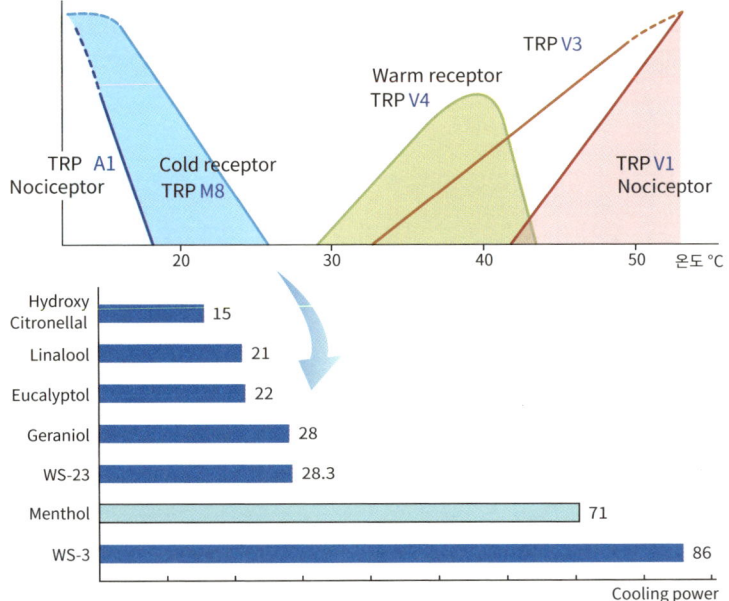

박하사탕이 시원한 이유

멘톨은 박하속(민트) 식물에 많이 함유되어 있으며 청량감을 주는 향기 물질이다. 언뜻 멘톨이 휘발하면서 체온을 낮추어 시원함을 준다고 생각하기 쉽지만, 실제로는 TRPM8이라는 우리 몸의 온도 수용체와 결합해 청량감을 주어 시원하게 느낀다. 그러니 멘톨이 함유된 미지근한 물질을 바르거나 섭취해도 시원하다고 느낄 수 있다. 멘톨의 원료가 되는 재배 민트와 박하정유는 인도가 전 세계 생산율 73%를 점유하여 세계 1위를 고수하고 있으며, 합성 멘톨의 경우 일본의 타카사코(Takasago)가 연간 3,000톤으로 세계 유통량의 20%를 생산한다.

멘톨은 청량감을 활용해 피부에 바르는 로션이나 샴푸 등에 들어가기도 하며, 파스나 근육통 연고, 크림 등에 dl-캠퍼(Camphor; 장뇌)와 함께 쓰인다. 일본에 있는 '아이누의 눈물'이라는 박하 향 입욕제는 사람이 들어가서 몇 분만 있으면 물이 아무리 뜨거워도 춥게 느껴지고, 근육이 굳으면서 엉거주춤한 상태가 되어 움직이기 힘들어지며, 심지어 바깥공기에 닿기만 해도 얼듯이 차갑게 느껴지는 효과를 자랑한다.

한국에서는 멘톨을 화장품, 치약, 담배 아니면 껌에나 어울린다고 생각하지만, 베트남이나 태국 등 동남아에서는 요리에도 은근히 많이 쓴다. 지금은 멘톨이 주는 시원함의 매력을 완전히 잃었지만, 과거 냉동고도 에어컨도 없던 한여름의 무더위를 이겨내거나 염증이 사라질 때 느껴지는 청량감은 정말 귀하고 유쾌한 감각이었을 것이다. 시원한 청량감은 그 자체만으로도 다른 어떤 것보다 만족스러운 자극이기 때문이다.

L-카본 L-Carvone

스피어민트
**Sweet
Spearmint
Herbal
Minty**

캐러웨이
**Spice mint
Bread caraway**

광학이성질체(Optical isomer)

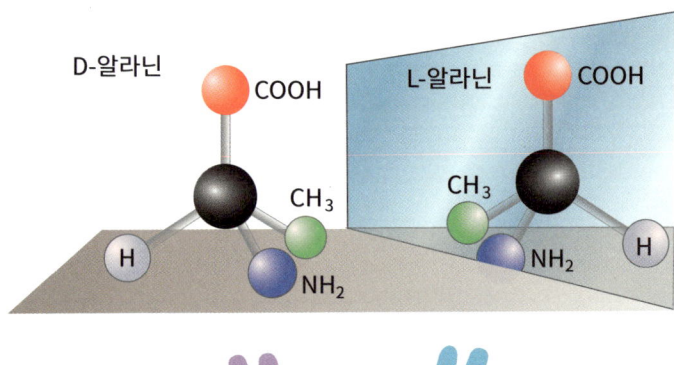

동일한 분자식이지만 왼 장갑, 오른 장갑처럼 거울상에 대칭인 분자이다. 녹는점, 끓는점 등 물리적 성질은 대부분 비슷하지만, 향기나 화학적 성질에서 차이가 있을 수 있다.

거울 이성체, 좌우가 바뀌면 전혀 다른 향

카본(Carvone)은 리모넨에서 멘톨이 합성되는 경로에서 분기되어 합성되며 두 가지 광학이성체가 있다. 구성하는 원자나 배열 등 모든 것이 같은데, 단지 왼 장갑과 오른 장갑처럼 거울상만 다르고 완전히 다른 느낌이 난다. 향료에는 이처럼 광학이성체에 따라 역치나 느낌이 달라지는 물질이 제법 있다. l-카본은 스피어민트 향이 나고, d-카본은 캐러웨이 향을 낸다. 캐러웨이 씨앗에 포함된 오일의 50%가 d-카본이다.

① 페퍼민트: 50~78%의 멘톨이 주성분이고 멘손 등을 함유하고 있다. 숙성된 잎이나 줄기는 쓴맛이 강하므로 주로 어린잎을 사용한다. 껌, 캔디 등 제품에 주된 민트 느낌을 준다.
② 스피어민트: l-카본(50~60%)이 주성분으로 멘톨을 포함하지 않아 페퍼민트보다 부드럽고, 발사믹, 크리미한 향조를 가진다.

캠퍼 Camphor(장뇌)

장뇌(樟腦)
Camphoreous

d-Camphor

장뇌의 향은 뇌를 깨울 정도로 강렬하다

d-Camphor
Camphor, Minty

d-Borneol
Camphor, Woody

l-Fenchone
Camphor, Warm

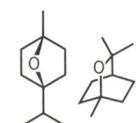
Eucalyptol(Cineol)
Camphor, Cool

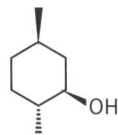
l-Menthol
Minty, Sweet Peppermint

l-Carvone
Minty, Spearmint

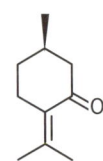
d-Pulegone
Minty, Herbaceous

l-Carvyl acetate
Mint, Spicy

뇌를 깨우는 장뇌의 향

장뇌는 동남아시아에서 자라는 녹나무에서 나는 물질로서 아주 강력한 향을 가지고 있다. 대부분의 수지는 나무의 상처에서 흐르는 수액을 모으는 방법으로 수확하는 데 비해, 장뇌는 아예 나무를 베어 넘어뜨린다. 통나무를 쪼개서 녹나무 조각에 증기를 쐰 뒤 그 증기를 응축시키면 기름기 많고 향기로운 흰색의 왁스를 얻을 수 있다. 중국에서는 장뇌를 '용의 머리에서 나는 향'이라는 뜻의 '용뇌향'이라고 부르기도 한다. 중세 유럽에서는 장뇌의 차갑고 건조한 성질 때문에 향수보다 약물로 더 주목받았다. 힌두교, 불교 등에서는 장뇌를 태우면 제3의 눈이 떠지고 기도자의 의지가 고양되며 정신이 정화된다고 말한다. 장뇌 향이 성스러운 장소와 때를 구별하고 깊은 사색의 공간을 정화한다는 것이다.

장뇌는 나중에 방충제, 방향제, 파스, 구강청정제 등에 쓰였지만, 100년 전에는 환자의 뇌를 깨우는 목적으로도 쓰였다. 헝가리 부다페스트에서 정신과 의사로 일하던 러디슐러시 메두너는 뇌의 신경아교세포를 연구하다가 조현병 환자에게 그 수가 너무 적다는 것을 알고, 뇌에 경련을 일으키면 도움이 되지 않을까 하는 생각을 하게 된다. 당시 유명한 경련 유발제는 스트리크닌(Strychnine)이었지만, 독성이 너무 강하다는 치명적인 단점이 있었다. 그는 고심 끝에 장뇌를 선택했다. 4년 동안 의식은 깨어 있지만 꼼짝하지 않고 모든 자극에 반응을 보이지 않던 환자에게 장뇌를 투여하고 며칠 동안 같은 치료를 시행하자 퇴원이 가능할 정도로 환자의 상태가 호전되었다. 그 후로도 26명의 환자 중 절반 정도에서 반응이 나타나 이를 학계에 보고했으며, 이후 보다 안정적인 메트라졸(Metrazol)이 이용되고, 1938년 이후에는 약물 대신 전기 자극으로 경련을 유도하는 치료법이 도입되었다.

• 유칼립톨 Eucalyptol(1,8-Cineole) •

Camphoreous
Minty
Cooling
Eucalyptus
Medicinal

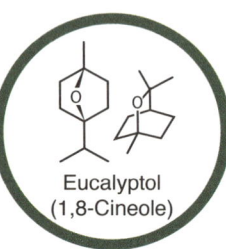

Eucalyptol
(1,8-Cineole)

코알라가 잠만 자는 이유

유칼립투스 나무는 호주에서 자라는 큰 상록수이다. 여기에서 추출된 유칼립투스 오일은 가정에서 전통 치료요법이나 아로마요법으로 사용되어 왔으며, 주성분은 1,8-시네올(1,8-Cineol, Eucalyptol)이다. 유칼립톨은 유칼립투스 오일의 70~90%를 차지한다. 그러니 유칼립투스를 아는 사람은 1,8-시네올의 향을 맡으면 바로 유칼립투스 잎을 떠올릴 수 있다. 많은 종류의 허브에 소량씩이나마 들어 있다.

유칼립투스 잎 하면 바로 떠오르는 코알라는 잠을 많이 자는 동물로도 잘 알려져 있는데, 하루에 무려 20시간 정도 잠을 잔다. 코알라가 다른 동물보다 월등히 잠을 많이 자는 이유를 두고 주식인 유칼립투스 나뭇잎에 수면제나 마취제 성분이 있기 때문이라는 얘기도 있지만, 실제 이유는 유칼립투스 잎에 칼로리와 영양소가 너무 적기 때문이다. 그러니 에너지를 아끼기 위해서 움직임을 줄이고 오래 잠을 잘 수밖에 없다.

코알라는 포유류 중 체중 대비 뇌가 가장 작은 편인데, 이 또한 영양소가 충분하지 않은 것과 관련이 깊다. 신체 기관 중에서 뇌의 에너지 소비가 가장 많다 보니 작은 뇌를 지니도록 진화해온 것이다. 주로 1년에서 1년 6개월 사이의 잎만 먹는데, 더 어린잎은 비타민이 너무 부족하고 더 오래된 잎은 독성이 강하기 때문이다. 코알라는 후각을 통해 유칼립투스 잎을 잘 구분할 수 있다. 잎에 존재하는 독은 효소를 만들어 소화하면서 간에서 해독한다. 유칼립투스 잎에는 수분도 많이 포함되어 있어서 코알라가 따로 물을 마실 필요가 없다. 코알라(Koala)라는 이름부터가 오스트레일리아 원주민 언어로 '물을 마시지 않는다'라는 의미에서 나온 것이라고 한다. 독이 든 잎과 잔가지를 채취하여 만든 방향유는 오래전부터 약으로 사용되어 왔다. 결국 독과 약은 양이 결정하는 것이다.

터피넨 Terpinene

Oily
Woody
Terpene
Lemon/Lime
Tropical
Herbal

음식이 소변의 색이나 냄새를 바꾸기도 한다

터피넨은 휘발유 같은 냄새 때문에 사람들에게 약간의 불쾌감을 주지만, 희석하면 레몬, 라임 등의 시트러스 향 느낌이 난다. 고대 로마의 여성들은 이 향을 좋다고 생각해서 소변에서 이 향기가 나도록 테레빈유를 마시는 일도 있었다. 실제로 〈Toxnet〉 데이터베이스에는 '테레빈유에 노출되면 소변에서 제비꽃 향이 날 수 있다'라고 기록되어 있다. 테레빈유는 소나무 수지에서 증류한 용매로써 과용하면 건강에 해로우며, 중독 증상으로 혈뇨, 알부민뇨, 혼수 등이 있다.

페누그릭 등에 포함된 소톨론은 몸에서 거의 분해되지 않기 때문에 페누그릭을 다량 섭취하면 소변에서 메이플 향이 날 수 있다. 이소류신의 대사 이상이 있을 경우에도 '메이플시럽뇨증'이 발생할 수 있다.

아스파라거스는 때때로 소변에 녹색을 띠고 썩어가는 양배추와 유사한 독특한 냄새를 풍긴다. 이는 'Asparagusic acid' 분자 때문인데, 이것은 황을 포함한 아스파라거스에 존재하는 독특한 물질이다. 독은 없지만 소변에서 특유의 냄새가 나게 하는 특성이 있다. 벤저민 프랭클린(Benjamin Franklin)은 1781년 브뤼셀 왕립 아카데미로 보낸 풍자 편지에서 "아스파라거스 줄기 몇 개를 먹으면 소변에서 역겨운 냄새가 난다"라고 쓰기도 했다.

음식이 소변의 색을 바꾸기도 한다. 블랙베리, 대황은 일시적으로 소변이 분홍색이나 빨간색으로 변할 수 있으며, 이는 피로 오인될 수 있다. 비트의 색은 위산의 pH에 약해서 대부분 사람의 소변에 나타나기에는 너무 희미하다. 당근 주스, 비타민 C는 소변을 주황색으로 변색시킬 수 있고, 비타민 B는 형광 황록색으로 변색시킬 수 있다.

터피넨 같은 터펜 물질은 항균기능도 있다

삼림욕의 효능을 말할 때 흔히 등장하는 물질이 피톤치드이다. 피톤치드(Phytoncide)는 '식물(Phyton)'과 '죽이다(Cide)'를 합한 말로, 식물이 분비하는 살균 물질을 종합해서 부르는 말이다. 여기에는 터펜, 페놀 화합물, 알칼로이드 등이 포함되는데, 가장 대표적인 것은 터펜이다. 터펜은 식물이 만드는 향기 물질의 절반을 차지할 정도로 많은 양이 만들어진다. 식물은 터펜류 휘발성 물질을 만들어 자신의 생리 기능을 조절하기도 하고, 곤충을 유인하거나 억제하고, 다른 식물의 생장을 방해하는 등의 매우 복합적인 작용을 한다. 그래서 터펜은 아로마요법의 핵심 성분으로도 사용된다.

피톤치드가 풍부한 숲에는 벌레나 병원균이 살기 어려워서 병원균이 2차 감염될 우려가 적었다. 현대의학이 발전하기 전에 마땅한 치료제나 항생제가 없던 시절에는 결핵 같은 질병에 걸리면 산 좋고 공기 좋은 곳에서 요양하는 방법 말고는 다른 치료법이 없었다. 지금도 산림욕이 인기가 있는 것은 향에 의한 심리적 효과뿐 아니라 터펜의 다양한 효능을 입체적으로 경험할 수 있기 때문이다. 숲은 우리의 눈·코·잎·귀·피부를 모두를 기분 좋게 자극하여 오감(五感)을 만족시키기 때문에 정서적으로도 좋을 수밖에 없다.

티 트리(Tea tree) 오일은 터펜계 물질의 항균력을 이용하는 대표적인 예이다. 비듬, 여드름, 헤르페스, 곤충 물림, 피부 진균 또는 세균 감염 치료에 유용하다고 주장하지만 증거가 충분하지 않다. 호주에서는 아로마요법의 원료로 사용하지만, 마시면 유독하며 어린이에게는 안전하지 않다. 구성 성분은 터펜, 그중에서 특히 터피넨(Terpinene) 계통의 물질이 주를 이룬다.

TEATREE OIL

Component	함량 %
terpinen-4-ol	35.0-48.0
γ-terpinene	14-28
α-terpinene	6.0-12.0
1,8-cineole	traces-10.0
terpinolene	1.5-5.0
α-terpineol	2.0-5.0
α-pinene	1.0-4.0
p-cymene	0.5-8.0
sabinene	traces-3.5
limonene	0.5-1.5

개박하 Catnip

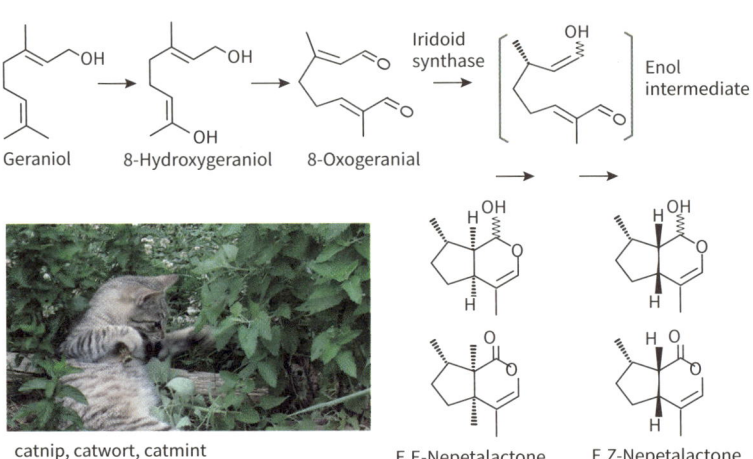

catnip, catwort, catmint

모기는 사자도 미치게 한다

많은 고양이들은 캣닙을 보면 몸에 문지르고, 핥고, 냄새를 맡고, 먹고, 긁거나 구르는 등의 강한 애착 반응을 한다. 이런 반응은 캣닙을 접하고 5~15분 정도 지속되는데, 이는 캣닙에 있는 네페타락톤 때문으로 밝혀졌다. 네페타락톤은 제나리올(터펜)에서 유래한 물질이다. 고양이의 이런 반응은 냄새일 때 효과가 있고, 먹으면 효과가 없다. 생후 3개월 미만의 새끼 고양이에게는 별 효과가 없고, 어른 고양이도 3분의 1은 반응이 약하고 3분의 2 정도가 강하게 반응한다. 다른 고양잇과 동물도 유사한 반응을 하는 경우가 많은데 사자와 재규어는 민감하여 60분까지도 효과가 있다. 하지만 호랑이, 퓨마 등에는 효과가 없다. 고양잇과 동물이 후각 수용체에 네페타락톤이 노출되면 β-엔도르핀 분비가 유도되고, μ-오피오이드 수용체를 활성화한다. 모르핀처럼 작용하는 것이다. 하지만 이들에게 반복적으로 노출되어도 금단 증상은 없다.

고양잇과 동물이 네페타락톤이 함유된 식물을 좋아하는 이유는 모기, 바퀴벌레, 흰개미 같은 곤충을 쫓아내는 성질 때문이다. 고양잇과 동물은 사냥을 위해서는 매복하거나 느리게 접근해야 하는데, 이때 곤충에게 더 쉽게 물릴 수밖에 없다. 야생에서 사자를 가장 미치게 하는 것은 모기이다. 그러니 천연 곤충 퇴치제에 애착 반응을 할 수밖에 없는 것이다. 고양이의 이런 행동은 모기 한 마리에 밤을 설쳐본 사람이면 쉽게 이해할 수 있을 것이다. 야생에는 모기가 천지인데 그나마 피톤치드가 풍부한 숲은 모기나 벌레가 적다.

파라-시멘 p-Cymene

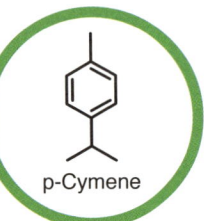

Terpenic
Harsh
Woody
Spicy
Bergamot
Coniferous note

α-Terpinolene (Plastic/Cucumber)
p-Cymene (Kerosene-like)
α-Terpinene (Lemon)
(E)-Caryophyllene (Woody),
Phenylacetaldehyde (Honey)
(E)-2-Nonenal (Cucumber),
Bornyl acetate (Cooked vegetable)
γ-Terpinene (Lemon)
Hexenal

파라-시멘은 미나리 특유의 향을 느끼게 하지만, 석유 냄새로 오해받기도 한다. 그러나 휘발유와는 전혀 상관없는 터펜계 물질이다.

아니스, 커민, 딜, 캐러웨이, 펜넬 역시 미나릿과에 속한다.

인공, 합성으로 상징으로 인식되는 석유는 태곳적에 만들어진 천연 유기물이다.

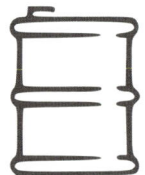

왜 미나리에서 가끔 휘발유 냄새가 날까?

　미나리는 아니스, 커민, 딜, 캐러웨이, 회향(펜넬)과 같이 미나릿과(科)에 속하는 여러해살이풀로 주로 동아시아에서 재배되는데, 특별히 신경을 쓰지 않아도 논이나 습지 등에서 잘 자란다. 무쳐서 나물로 먹거나, 생선 등을 이용한 탕, 국 요리 등에 강한 향을 이용해 비린 맛을 줄이는 데 쓰이기도 한다. 미나리는 초고추장을 듬뿍 사용한 무침으로 만들어도 결코 향이 밀리지 않을 정도로 우리나라 채소 중에는 드물게 강한 향을 지니고 있다. 그리고 이런 강한 향 때문에 호불호가 갈리기도 한다.

　미나리의 향은 독특해 보이지만, 사실 그 성분은 피톤치드(Phytoncide)와 닮아있다. 터피놀렌, α-터피넨, γ-터피넨, 캐리오필렌 같은 물질이 특유의 향을 만드는 것이다. 피톤치드는 1943년 세균학자 왁스만(S. A. Waksman)이 만든 용어로써 숲속에 들어가면 풍기는 시원한 삼림 향을 말한다. 피톤치드는 수목이 주위의 포도상구균, 연쇄상구균, 디프테리아 등의 미생물과 싸우기 위해 만드는 휘발성 물질이며, 20세기 초까지만 해도 폐결핵의 유일한 치료법이 피톤치드를 맡으며 숲속에서 요양하는 것이라 믿었다.

　미나리는 척박한 환경에서 자신을 공격하는 질병 균과 싸우기 위해 상당한 양의 터펜 물질을 만들고, 우리는 그 덕분에 미나리의 강한 향을 즐길 수 있다. 그런데 간혹 미나리의 향기 물질 중 파라-시멘(p-Cymene)을 석유 냄새로 오해하는 경우가 있다. 파라-시멘은 휘발유와는 전혀 상관없는 터펜계 물질인데, 그런 이유로 미나리를 싫어한다면 너무나 아쉬운 일이다. 그러니 석유를 사용하기 훨씬 전부터 이미 자연에 존재하던 '숲의 향'이라고 생각해보는 것도 좋은 방법 아닐까 싶다.

카리오필렌 Caryophyllene

국화
Pepper
Sweet
Woody
Spice
Clove
Dry

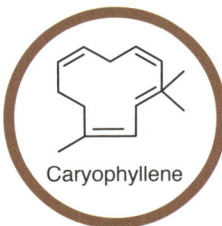

후추의 주요 향기 물질

α-Pinene

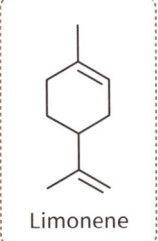
Limonene

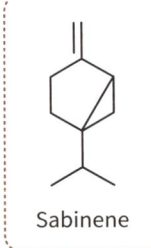
Sabinene

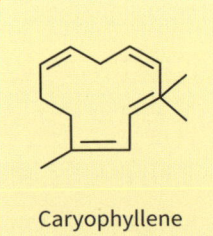
Caryophyllene

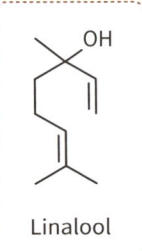
Linalool

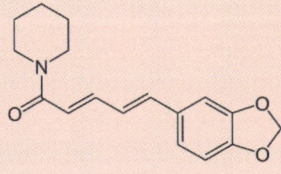

피페린은 이성질체인 사비신과 함께 후추의 매운맛을 낸다.
온도 수용체 TRPV1 및 TRPA1을 활성화시킨다.

후추는 어떻게 유럽 사회를 마비시켰을까?

후추는 이집트에서 굉장히 오래전부터 사용되었으며, 중세에 들어서는 유럽 귀족 사회에 중요한 역할을 했다. 그러니 유럽에서 후추의 가격이 폭등한 것은 당연한 일이다. 심지어 일종의 부와 명예의 상징이 되어서 음식을 먹든 먹지 않든 비싼 향신료를 많이 넣었다는 사실 자체가 중요시되었고, 평민의 몇 년 치 수익을 한 끼 식사로 날려버리는 것이 명예처럼 여겨졌다. 사실상 유일한 후추 공급책이었던 베네치아의 상인들이 오랜 시간 부를 독점한 것도 이런 시대 흐름 덕분이다. 1453년 동로마제국이 멸망하면서 후추를 가져오기가 더 어려워지면서 후추 가격은 터무니없이 올라갔다. 이에 후추를 가져오기 위한 여정, '대항해시대'가 시작되었다.

후추는 피페르(Piper) 속(屬)에 속하는 식물의 열매다. 익은 열매의 껍질은 붉은색이지만, 수확한 뒤 갈변 효소의 작용으로 인해 짙은 갈색 또는 검은색으로 변한다. 후추의 자극적인 성분은 '피페린'이라는 물질이며, 얇은 과육과 씨앗 표면에서 발견된다. 캡사이신에 비해 1/100 정도의 매운맛을 가지고 있다. 블랙 후추의 향은 피넨, 사비넨, 리모넨, 카리오필렌, 리날로올이 어울려져 낸다.

가장 흔한 블랙 후추는 열매의 향이 가장 좋으면서 아직 익지 않은 초록빛을 띠고 있을 때 수확해서 말린다. 열매를 딴 다음 뜨거운 물에 1분 동안 데쳐서 깨끗하게 만드는 동시에 열매를 이루는 세포들을 터트려 갈변 효소의 작용을 가속한다. 그런 뒤 건조하면 과육 겉면이 까맣게 되면서 블랙 후추가 된다. 화이트 후추는 완전히 익은 열매로 만드는데, 일주일 동안 물에 담가두었다가 비벼서 과육 층을 제거한 뒤 씨앗만 말린다.

흔히 볼 수 있는 블랙 후추와 화이트 후추 외에 그린 후추와 핑크 후추도 있다. 핑크 후추는 막 익은 붉은색 열매를 소금과 식초에 재운 희귀한 후추이며, 그린 후추는 익기 일주일 전에 수확한 열매로 만든다. 열매를 이산화황 및 탈수 건조 처리하거나 소금이 든 캔 또는 병에 담아 밀봉하며, 냉동 건조해 보존 처리하기도 한다. 보존 처리 방법에 따라 풍미가 달라지지만, 약간의 매운맛과 후추 향은 공통적이다. 만약 통후추 알갱이를 씹어 먹는다면 매운맛이 다른 감각을 완전히 압도할 것이다. 그러나 적절한 양을 넣는다면 압도하지 않으면서도 적절한 자극을 준다. 고기에 없는 풍미를 보태주며, 음식의 맛을 더 복합적이고 입맛 당기게 만드는 것이다.

이런 후추의 매력을 설명하는 또 다른 효능이 바로 염증 억제이다. 대마(Cannabis sativa L.)의 카나비노이드와 아라키돈산에서 유래한 엔도카나비노이드는 CB1 및 CB2 수용체에 결합한다. CB1 수용체는 정신 조절 효과를 담당하고, CB2 수용체는 염증, 통증, 죽상동맥경화증 및 골다공증의 치료에 관여한다. β-카리오필렌이 CB2 수용체에 선택적으로 결합한다. 카리오필렌은 수많은 향신료와 대마초의 주요 성분이기도 하다. 이것이 CB2 수용체에 결합하면 염증반응을 억제하는 역할을 한다.

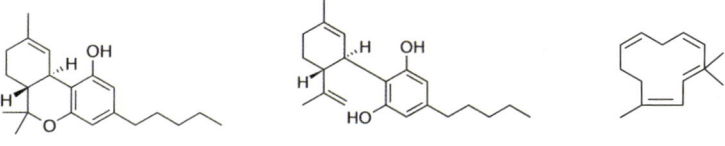

지오스민 Geosmin

Earthy
Humus
Dirty
Weedy
Wet
Very diffusive and powerful

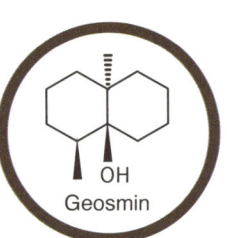

흙냄새를 내는 물질

  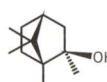   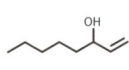 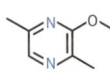

Geosmin   2-Methyl isoborneol   2-Ethyl fenchol   1-Octen-3-ol   3-Methoxy-3,5-dimethylpyrazine

흙 자체는 냄새가 없다

마른 흙에서 나는 비 냄새는 비가 실제로 내리기 시작했음을 알리는 신호다. 이 약간 곰팡내 비슷하면서 눅눅한 흙냄새의 정체를 밝히기 위해 1964년 이사벨 베어(Isabel Bear)와 리처드 토머스(Richard Thomas)라는 두 과학자가 연구를 시작했고, 이 냄새의 원인 물질을 찾아내어 '지오스민(Geosmin, 그리스어로 'Earth odor')'이라고 이름 붙였다. 규산염이 주성분인 흙 자체에는 특별한 냄새가 없다. 미생물이 만든 지오스민이 땅과 바위 속으로 흡수된 뒤 건조한 날에는 흙 속 크고 작은 틈(공극) 사이에 묻혀 있다가 비가 내리면 흙이 튀어 오르면서 흙냄새를 퍼트리게 된다.

이 물질은 물에서 역치가 0.0082~0.018ppb 정도로 매우 낮다. 그래서 공기 중 지오스민 농도가 5ppt만 넘어도 우리는 곧바로 흙냄새를 알아차린다. 여기서 5ppt는 정밀기기로도 측정이 어려울 정도로 옅은 농도다. 비트 주스에서 느낄 수 있는 흙냄새도 흙이 오염되었기 때문이 아니라 지오스민 때문이며, 매운탕 생선에서 흙냄새가 나는 것도 마찬가지다. 지오스민 자체가 특별한 것이 아니라 인간이 지오스민에 매우 민감한 후각을 가진 것이다.

지오스민 자체는 인체에 해롭지 않지만 수돗물에서 나는 흙냄새를 좋아하는 사람은 없다. 수돗물을 생산하는 정수장에서는 지오스민의 농도를 20ppt 이하로 관리하여 소비자가 불쾌감을 느끼지 않도록 노력하지만, 극히 적은 양의 지오스민까지 완전히 제거하기는 쉽지 않다. 정상적인 후각을 가진 사람이라면 4~10ppt 정도만 되어도 감지가 가능하다. 그나마 가정에서는 제거하기 쉽다. 물을 100℃에서 3분 정도 끓이면 지오스민이 휘발해 없어지기 때문이다.

방선균은 지오스민과 MIB(2-Methyl isoborneol)에 목재의 냄새 Cadin-4-ene-1-ol과 생감자취와 닮은 흙냄새인 2-Isopropyl-3-methoxy pyrazine을 생성한다. 방선균이 만드는 흙냄새 물질은 생선에 아주 빨리 스며든다. Magligalig 등은 물에 만들어진 지오스민이 얼마나 빨리 생선 살에 스며드는지를 증명했는데, 고작 5ng/L의 지오스민이 포함된 물에 물고기를 넣어두자 2시간이 안 되어 흙냄새가 났고, 이 냄새가 사라지는 데는 깨끗한 물에서 무려 16일이나 걸렸다.

대부분의 사람들은 지오스민에 예민하게 반응하지만, 간혹 이 냄새를 좋아하는 사람도 있다. 휴양림의 흙길이나 어린 시절을 시골에서 보낸 이들은 흙냄새를 맡으며 지난날을 그리워한다. 그래서 향수의 원료로 활용되

기도 한다. 식품 중에는 채소 비트 주스에서 특유의 맛이 난다.

지오스민은 민물고기에게 알을 낳을 장소를 알려주고, 낙타가 사막에서 오아시스를 찾도록 도와주는 냄새이기도 하다. 고비 사막의 일부 낙타는 80km 이상 떨어진 곳에 있는 물을 찾을 수 있다고 한다. 케이스 차터(Keith Chater) 박사에 따르면 젖은 땅에서 자라는 스트렙토미세스 균에 의해 지오스민이 생성되고, 낙타는 이 냄새를 쫓아 오아시스를 찾게 된다. 그리고 스트렙토미세스 균은 낙타에 의해 포자가 널리 퍼져 나갈 기회를 얻게 되는 것이다.

이오논 Ionone

Warm
Flower
Vilolet
Orris
Berry
Woody

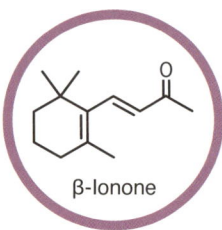

β-Ionone

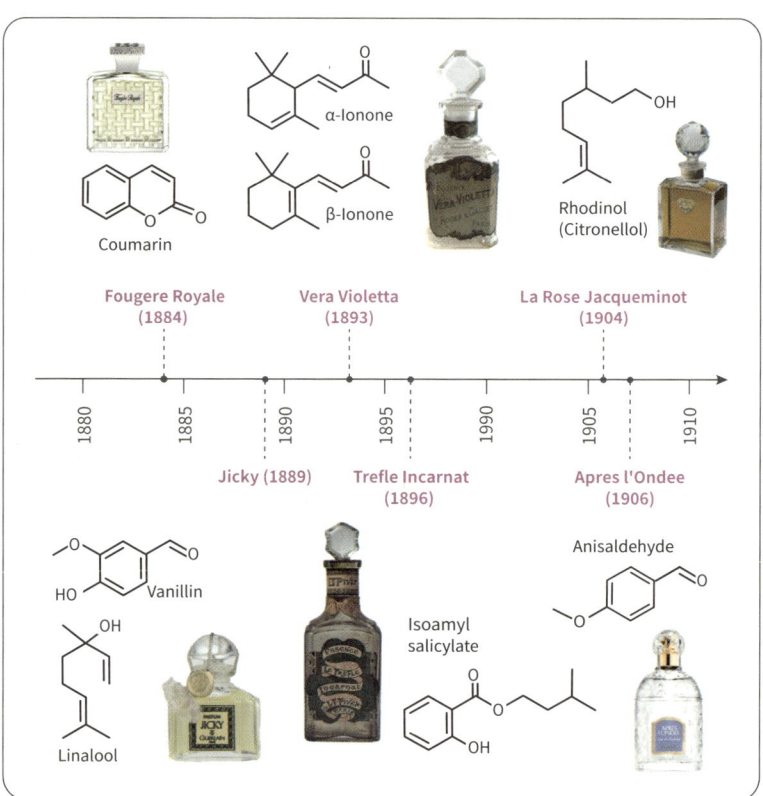

향수 업계를 뒤흔든 이오논의 매력

이오논은 장미 오일을 비롯한 다양한 방향유에서 발견되는 향기 화합물이다. β-이오논은 적은 농도로도 장미 향의 중요한 성분이 되며, 향수 제조에 매우 중요한 향기 성분이다. 서양에서 향수는 18세기에 들어와 크게 발전하기 시작했는데, 재스민, 장미, 오렌지 등 식물 원료를 사용한 향수를 만들어 여심을 자극했다. 19세기 여성들은 자기의 개성을 뽐낼 수 있는 더 섬세한 향을 원했고, 이런 분위기는 산업혁명과 맞물리면서 향수의 제1 전성기를 맞이하게 된다. 산업혁명으로 유리의 대량생산이 가능해지고, 화학의 발전으로 바닐린(바닐라), 이오논(제비꽃) 등의 합성이 가능해져 향수의 대량생산이 이루어진 것이다. 귀족의 전유물로 여겨지던 향수가 대중화된 것도 이 시기이다.

이오논의 변신

아이소 E 슈퍼(Iso E super)의 역사는 1960년대에 시작한다. 세계의 많은 과학자들이 제비꽃 향을 결정짓는 물질인 이오논과 비슷한 구조를 가진 재료를 찾기 위해 노력했고, 1973년 IFF의 존 B. 홀(John B. Hall)과 제임스 M. 샌더스(James M. Sanders)가 새로운 화학 물질을 발견한다. 그들은 특허권을 획득하여 'Isocyclemone E'라 명명하고, 오래되지 않아 향상 방법을 발전시켜 정제한 버전의 아이소 E 슈퍼를 발견하게 된다.

아이소 E 슈퍼는 이미 존재하던 향을 복제하거나 합성한 것이 아니다. 자연에는 없는 합성품으로써 식품에는 쓸 수 없지만 향수에는 가장 널리 쓰이는 원료의 하나다. 수많은 향수, 세탁 및 청소용 소재, 탈취제, 로션, 비누 등에 들어간다. 향취가 맑고 부드러울 뿐 아니라 다른 향수 분자와도 잘 섞여 지속성을 높여주는 역할도 잘하기 때문이다. 이 분자는 그 자신을 제외하고는 실제 세계의 어디에도 존재하지 않는다. 이 분자를 발명하기 전에는 자연에 존재하지 않았다는 뜻이다.

아이소 E 슈퍼는 기능성 향으로 주로 쓰이다가, 드디어 1975년에 고급 향수 시장에 데뷔한다. 이후로 점점 더 많이 사용되어 아이소 E 슈퍼를 활용한 많은 향수가 세계적인 히트를 기록했으며, 그 농도는 점점 더 진해졌다. 심지어 아이소 E 슈퍼만으로 이루어진 '몰리큘 01(Molecule 01)'이라는 향수도 만들어졌다. 미묘한 우디 노트인데 단순히 우디 노트 그 자체라면 우리는 왜 이 향수를 사서 써야 하는가? 우디 향수는 아주 많은데 백단향도 시더우드도 아닌 아이소 E 슈퍼만이 가진 가장 큰 특징은 도무지 무슨 향인지 알기 어렵다는 점이다. 몰리큘 01을 뿌리고 시간이 조금 지나면 미세한 향만이 남는다. 맑고 깨끗한 느낌도 있으나, 맑은 물이라기보다는 희뿌연 물의 느낌이다.

1995년에 아이소 E 슈퍼의 특허가 소멸하기 전까지 IFF는 이 분자에 대한 독점적인 권리를 갖고 크리스천 디올, 랑콤 등 세계적인 향수 회사와의 경쟁에서 우위를 점했다. 1950년대 중반, 세계 1위 향료 회사인 지보단의 분석가가 아이소 E 슈퍼 분자의 성질을 연구하기 위해 이 분자를 역설계한 적이 있다. 그리고 놀랍게도 지보단의 분석가들은 순수한 아이소 E 슈퍼는 거의 아무 향도 나지 않는다는 것을 발견했다. 그 분자가 가진 향의 특성은 제품에서 고작 2~5% 밖에 차지하지 않지만 강력한 효과를 가진 요소 때문에 그렇게 유명했던 것이다. 지보단의 팀은 이 미분자를 분리하여 '아이소 E 슈퍼 플러스'라고 이름 짓고 특허를 출원했다.

α-Ionone Koavone Timberole

β-Ionone Iso E super Iso E super plus

다마세논 Damascenone

Sweet
Fruity
Rose
Plum
Grape
Raspberry

Sugar
Floral
Herbal
Green
Woody
Tobacco

β-Damascenone

C40 카로티노이드

C₉ C₁₀ β-cyclocitral C₁₁ C₁₃

β-Ionone   α-Ionone   β-Damascenone

카로티노이드로부터 다양한 향기 물질이 만들어진다.

사람마다 다른 느낌을 주는 특별한 향기 물질

식품의 향은 보통 수십~수백 가지 물질로 구성된다. 그런데 그것을 구성하는 하나의 향기 물질을 맡으면 오히려 그 식품 전체의 향보다 복잡한 향조를 가지는 경우도 많다. 예를 들어 메치오날은 감자의 주 향기 물질인데, 그 향을 맡으면 감자에 양파, 토마토, 고기 등을 합한 듯한 느낌이 든다. 감자 향에 메치오날보다 더 감자 느낌을 주는 물질은 없는데도 그렇다. 복잡한 향기 물질로 된 감자는 오히려 순수한 감자 향으로 느끼고, 그것의 극히 일부인 개별 물질이 더 복합적으로 느껴지는 것이다.

이처럼 개별 물질의 향이 복잡하다고 하지만 다마세논처럼 복잡하지는 않다. $β$-다마세논의 향을 여러 사람에게 맡게 하면 고구마 소주, 증류주, 고추장, 장미, 포도, 나무, 담배 등 온갖 향조가 등장한다. 20명에게 물어보면 20가지 다른 느낌을 말할 정도다. 그런데 커피나 맥주를 말하는 경우는

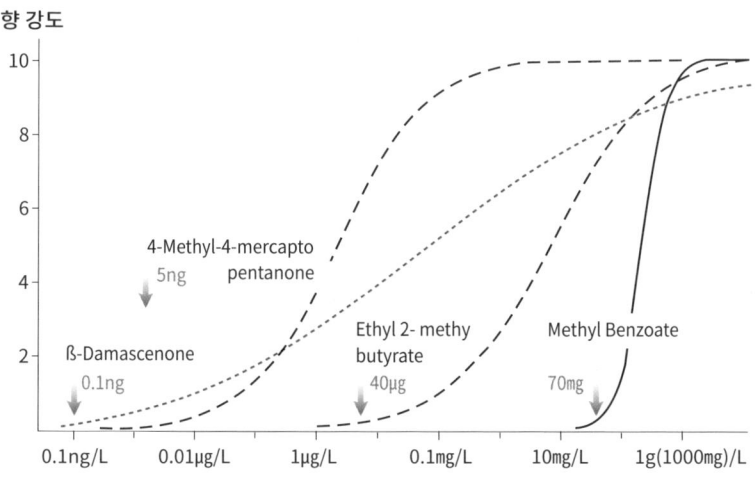

다마세논은 역치가 낮아 적은 양으로도 핵심적인 역할을 한다.

없다. 커피와 맥주의 핵심 향기 물질인데도 그렇다.

다마세논(Damascenone)은 카로티노이드의 분해로 만들어지는 향기 물질이라 대부분 식품에 소량씩이나마 들어 있고, 양은 적어도 역치가 낮아 기여도가 상당한 편이다. 다마세논은 원래 다마스커스 장미의 분석을 통해 알려진 물질이다. 장미뿐 아니라 식물 대부분에 존재하며 열분해에 의해서도 만들어진다. 어디에나 있는 물질이어서 그런지 대부분 간접적인 영향을 미친다. 와인의 경우 에틸신나메이트(Ethyl cinnamate)나 에틸헥사노에이트(Ethyl hexanoate)의 과일 풍미를 증진하고, IBMP(Isobutyl methoxypyrazine)의 채소 느낌을 마스킹하는 식이다.

다마스커스 장미 오일(Rose Oil)

인류의 역사가 시작된 이래, 가장 사랑받은 꽃은 아마 장미일 것이다. 기원전 1,600년에는 장미가 크레타의 화병 장식에 사용되었다는 기록도 있을 정도다. 장미를 아주 좋아한 페르시아 사람들은 장미를 증류하는 기술을 완성했고, 사치와 향락에 빠진 사람들은 침대 매트리스까지 장미 꽃잎으로 채웠다. 로마 사람들의 장미 사랑은 그야말로 집착에 가까웠다. 그래서 초기 기독교인들은 장미와 그 고유의 화려한 속성을 경계했다. 로마의 쾌락주의를 연상시킨다고 생각했기 때문이다. 그러나 점점 성모마리아의 상징물로 변해갔고, 성스러운 이미지를 띠었다. 12세기까지 다마스커스 장미는 스페인 그라나다 알함브라의 모굴 정원에서 재배되었고, 이슬람권의 모든 영역으로 퍼져 나갔다. 아랍 사람들은 장미 향수를 만들었고, 터키의 목욕탕에서는 장미 오일을 섞은 진흙비누가 사용되었다. 아라비아와 페르시아의 장미 향수는 1381년 무렵부터 피렌체의 산타마리아 노벨라 수녀원에서 판매되었다.

장미 나무는 1만여 종이 넘지만 전 세계적으로 장미 오일 생산의 원료로 사용하는 것은 대부분 불가리안 로즈로 알려진 다마스커스 장미다. 장미에서 향을 얻는 과정은 매우 복잡하다. 먼저 3,000리터 용량의 스테인리스강 통에 장미 꽃잎 트레이를 채워 넣는다. 그리고 향이 흠뻑 밴 용매를 따로 옮겨 여분의 수분을 제거하면 왁스로 이루어진 반죽 형태의 혼합물이 남는데, 이것이 바로 콘크리트다. 그리고 콘크리트를 기계 안에서 알코올에 여러 번 헹궈내어 향 분자를 씻어내고 정제한다. 왁스가 저온에서 응고되면 콘크리트-알코올 혼합물이 얼게 되고, 남아 있는 모든 왁스를 없애기 위해 이 혼합물이 다시 걸러진다. 마지막으로 혼합물을 아주 낮은 온도에서 서서히 증류한다. 이 과정에서 알코올이 증발하면 에센스의 핵심인 앱솔루트가 만들어진다.

지난 300년 동안 세계 최대의 장미 재배지는 발칸산맥 끝의 불가리아 중부에 자리 잡고 있으며, 이 지방에서 생산되는 장미 오일의 품질은 향수 업계의 표준이 되고 있다. 이 장미 오일의 가격이 kg당 2,000만 원의 고가인 것을 보더라도 생산의 어려움을 잘 알 수 있다. 증기 증류로 1kg의 장미 오일을 생산하는 데 약 5톤의 장미꽃이 필요하며, 이를 채취하기 위해서는 일의 양으로 볼 때, 대략 800시간이 필요하다. 수확 기간은 5월과 6월의 30일에 한정된다. 해가 뜨면 향의 손실이 생기므로 반드시 아침 일찍 수확해야 하며, 만일 정오 근처에 수확했을 때는 약 50%의 향 손실이 있게 된다. 숙련된 사람은 하루에 50kg의 장미를 수확할 수 있다고 한다. 수확된 것은 바로 24시간 이내에 처리해야 한다.

터펜 물질 정리

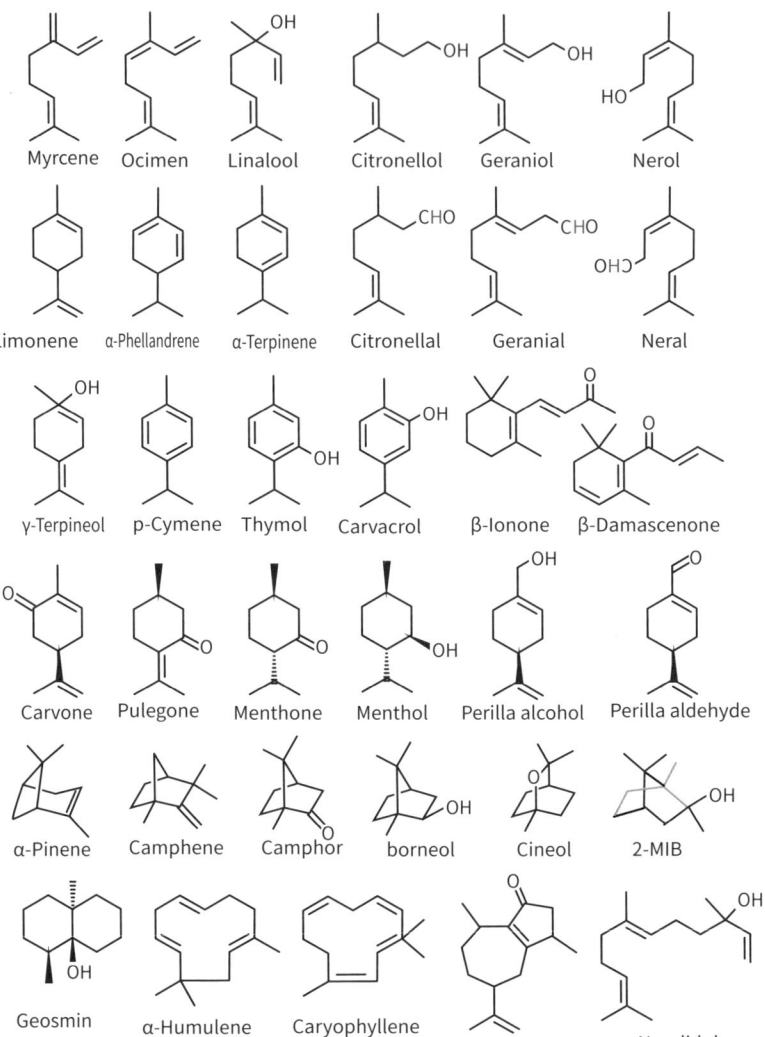

터펜 물질의 주요 합성경로

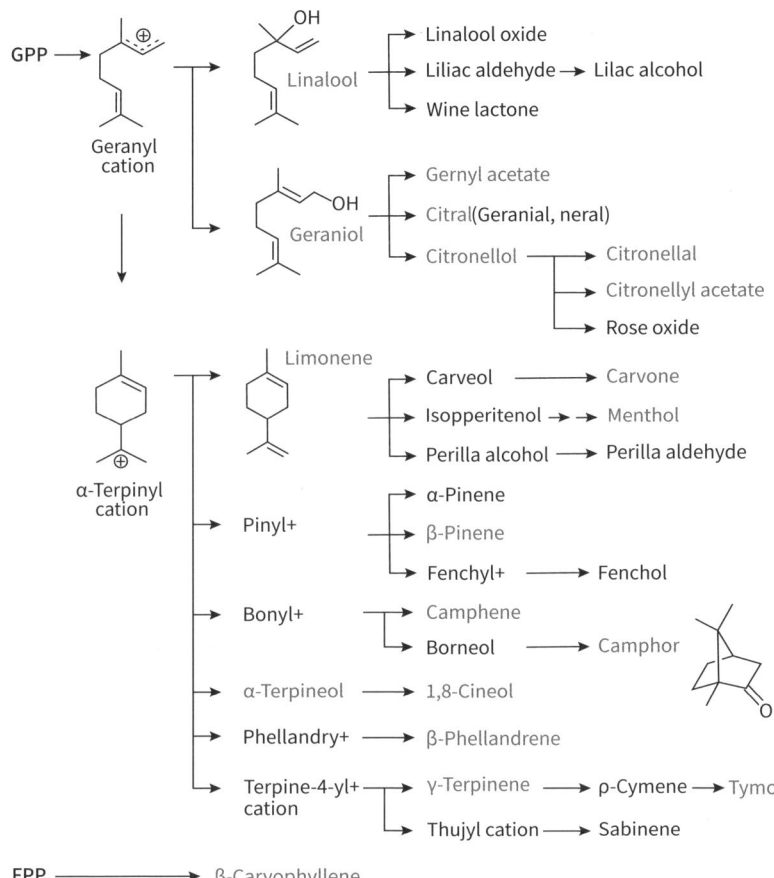

Part 2 _ 알아두면 좋은 60가지 향기 물질

알아두면 좋은 향기 물질

2
방향족 향기 물질

1	터펜계 향기 물질	
2	**방향족 향기 물질**	
3	카보닐 향기 물질	
4	에스터와 락톤	
5	가열로 만들어진 향	
6	황화합물	
7	질소 화합물	

단백질을 구성하는 20가지 아미노산 중에서 페닐알라닌, 티로신, 트립토판을 방향족 아미노산이라고 한다. 방향족성(芳香族性; Aromaticity)은 탄소화합물이 벤젠처럼 포화-불포화가 반복적으로 결합한 것이다. 그런 구조를 가진 물질이 향기를 가지는 경우가 많아서 방향족이라고 부른다.

식물에서 방향족 물질이 가장 풍부한 것은 리그닌이다. 나무는 크고 단단한 몸집을 유지하기 위해 셀룰로스와 헤미셀룰로스로 강도가 높은 구조체를 만들고, 이들을 붙잡는 접착제 역할을 위해 리그닌을 다량 합성한다. 목재의 15~35%를 차지할 정도다. 이 리그닌 합성의 원료가 되는 것이 페닐알라닌이며 식물은 다른 아미노산에 비해 압도적으로 많은 양을 만들어 낸다.

리그닌 합성의 중간 과정은 여러 향료 물질의 생성기작과 연결되어 있다. 리그닌은 헌책방 냄새나 나무를 태웠을 때 나는 향기의 주성분이기도 하다. 그러니 오크통 숙성이나 스모킹 향을 이해하려면 리그닌에 대해 알아야 한다. 방향족 물질이라고 모두 향을 가진 것은 아니지만, 직선형 구조의 물질에 비해 훨씬 다양하고 독특한 향을 가진 경우가 많다.

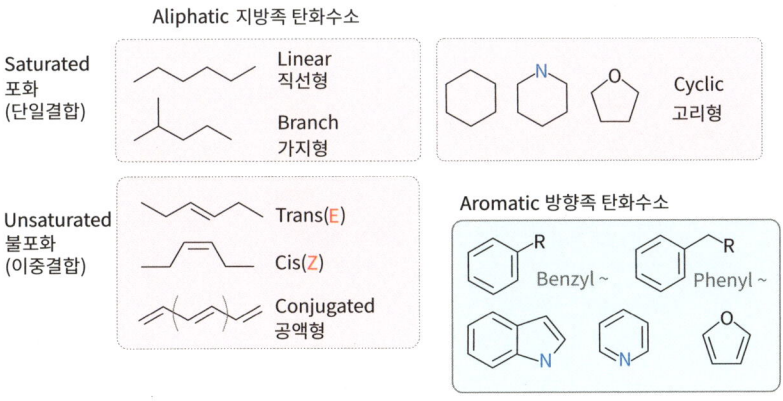

식물 세포벽의 기본 구조와 성분

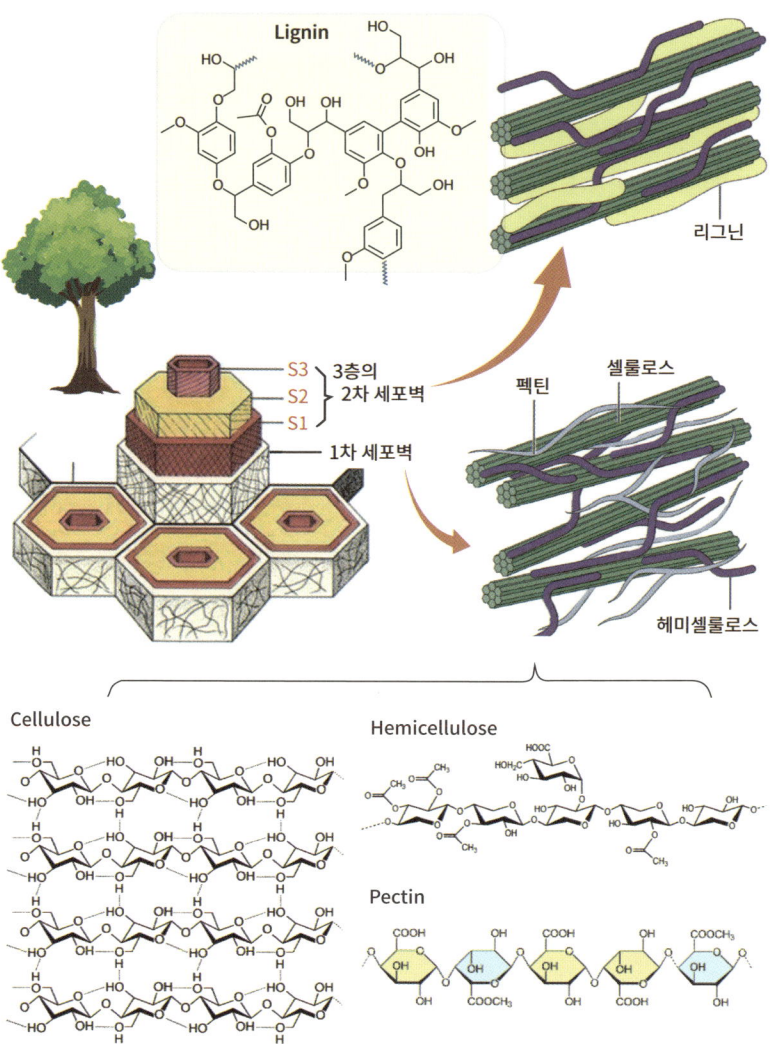

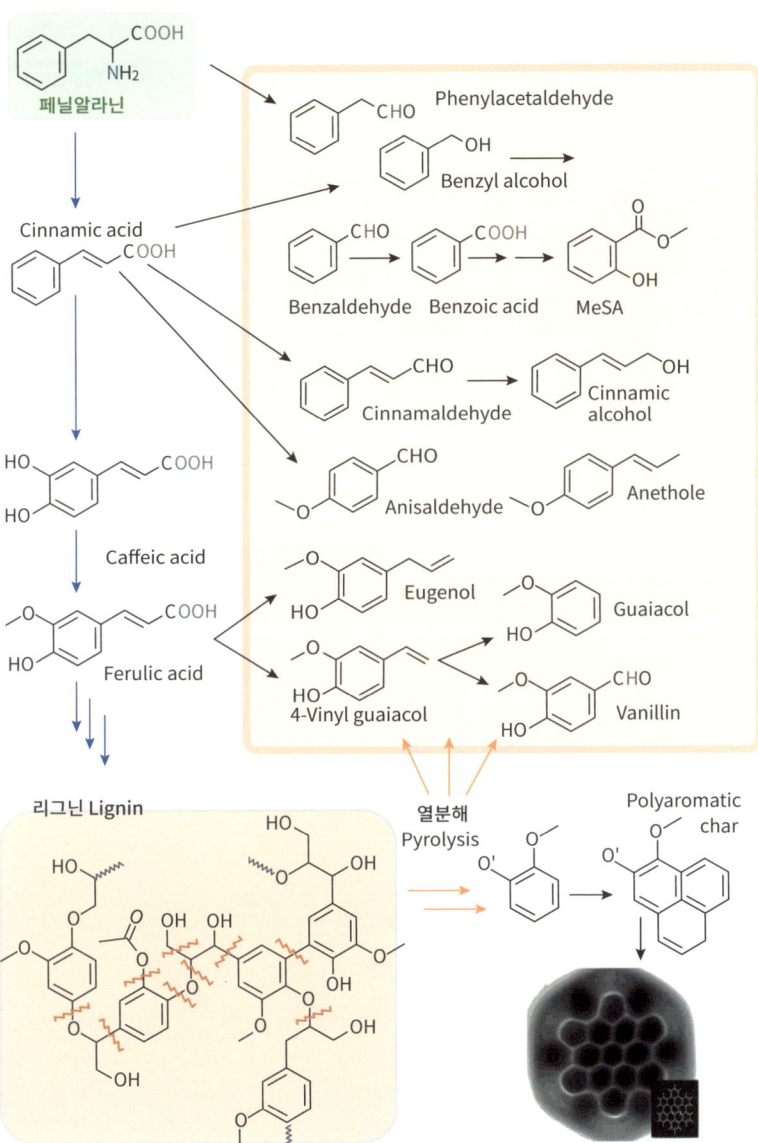

페닐아세트알데히드
Phenylacetaldehyde

Honey
Sweet
Green
Cocoa
Flower
Hyacinth

Phenylacet-aldehyde

인간은 오래 전부터 벌꿀을 채취했다.
(스페인 알라냐 동굴 벽화,
기원전 7000년경)

꿀은 꽃에 따라 향이 달라진다.
밤, 아카시아, 유채꽃 등.

꿀의 달콤함은 생각보다 쉽게 만들어진다

인간이 벌꿀을 얻기 시작한 것은 최소 8천 년 전이라고 한다. 스페인의 한 동굴에 인간이 벌꿀을 채집하는 모습을 그린 벽화가 있는데, 이 벽화가 8천 년 된 그림이기 때문이다. 실제로는 이보다 더 오래전부터 벌꿀을 채집했을 것으로 추정한다.

꿀 1kg를 채취하려면 꿀벌이 꽃 560만 송이를 찾아다녀야 한다. 그만큼 수고롭게 얻어지는 것인데, 우리나라의 꿀은 철에 따라, 피는 꽃에 따라 맛과 향이 달라진다. 아카시아꿀, 싸리꿀, 밤꿀, 유채꿀 등이 있으며, 이런 꿀에서 느껴지는 대표적인 향이 페닐아세트알데히드의 달콤함이다. 페닐아세트알데히드는 알데히드의 특징이 두드러져 순도가 높은 경우 축합반응에 의해 고체화되려는 경향이 크다. 이것을 다시 용해하려면 쉽지 않아서 일반적으로 프로필렌글리콜이나 트리아세틴 같은 용매에 희석하여 보관하면서 사용하는 경우가 많다.

벤질아세테이트 Benzyl acetate

Sweet
Flowery
Fresh
Jasmine
Ylang ylang
Low tenacity

Benzyl acetate

재스민의 향기 성분

페닐알라닌 → Cinnamic acid → Benzaldehyde

Benzyl alcohol 5% → Benzyl acetate 34%

Benzoic acid → Benzyl benzoate 24%

Benzoyl-CoA

Linalool 8%

Indole 2.5%

linolenic acid / Allen oxide → jasmonic acid → methyl jasmonate 1.9%

cis-jasmone 3%

jasmolactone 1.5%

조화를 통해 완성되는 재스민의 향기

재스민은 결혼식, 종교의식, 축제 등에 사용되고, 여러 국가에서 상징으로 사용하며, 여성의 이름에 흔할 정도로 사랑을 받는다. 심지어 재스민과 관련 없는 여러 식물이나 꽃에 '재스민'이라는 단어가 포함될 정도이다.

재스민의 향은 벤질아세테이트와 자스모네이드, 인돌 등으로 되어 있다. 이중 벤질아세테이트는 재스민의 향기 물질 중 1/3을 차지할 정도로 많이 들어 있고 일랑일랑, 네롤리 등에도 풍부하다. 재스민을 연상시키는 기분 좋은 달콤하고 유쾌한 향을 가지고 있어서 화장품, 로션, 헤어크림과 같은 개인 관리 제품에 많이 사용된다. 향수 제조에 매우 광범위하게 사용되며, 특히 재스민과 가디니아 향수에 높은 비율을 차지한다. 향수 원료로는 휘발성이 커서 지속성이 낮은 약점이 있지만, 다른 고정제를 적절히 혼합하여 쉽게 해결할 수 있다. 벤질아세테이트는 양봉에서 꿀벌을 모으기 위한 미끼로도 사용된다.

재스민을 연구하다 발견된 메틸자스모네이트는 식물 호르몬의 일종인데, 식물계 전반에 걸쳐 널리 분포하며 열이나 추위 같은 환경 스트레스에 대응하는 데 핵심적인 역할을 하며 다른 많은 식물의 신호 전달 경로에 참여한다.

재스민의 향기 성분 중에서 재미있는 것은 인돌(Indole)이다. 인돌은 고농도에서 대변의 냄새로 대표적인 악취 물질로 꼽히지만, 소량은 재스민, 백합, 튜베로즈 등의 꽃 향에 큰 역할을 한다. 만약 재스민 오일에 인돌이 없다면 향의 깊이가 떨어져 제 가격을 받지 못할 정도이다. 재스민은 향의 매력은 조화를 통해 완성된다는 것을 보여주는 대표적인 사례이다.

• 신남알데히드 Cinnamaldehyde •

실론(Ceylon) 계피

**Cinnamon
Sweet
Spicy
Aromatic
Balsamic**

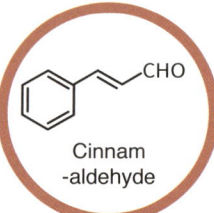

Cinnam-aldehyde

카시아(Cassia) 계피

카시아 > 실론

쿠마린은 과잉 섭취시 간 독성이 있음.

	실론 계피	카시아 계피
품종	Cinnamomum Verum	Cinnamomum Cassia
별명	True cinnamon	Chinese cinnamon
원산지	스리랑카	중국, 베트남, 인도네시아
형태	얇은 여러 겹이 말린 상태	가운데가 빈 두꺼운 한 겹
조직	Soft	Hard
풍미	부드럽고 달콤	자극적이고 스파이시
신남알데히드	65~76%, 4~10% Eugenol	75~90%
쿠마린	8~17mg/kg	310~3,000mg/kg
가격	고가	저가

시나몬은 음식, 계피는 약?

시나몬은 우리말로 계피로 통용되며, 후추, 정향과 함께 세계 3대 향신료로 불린다. 녹나무과 녹나무속 식물의 껍질로써 세계적으로 유통되는 종은 크게 두 종이다. 하나는 스리랑카의 옛 지명인 실론 섬과 인도 남부가 원산지인 실론 계피(Ceylon cinnamon)이고, 다른 하나는 중국 남부와 베트남이 원산지인 카시아 계피(Cassia cinnamon)이다. 실론 계피는 참시나몬으로 불리는데, 보통 시나몬이라고 하면 실론 계피를 말하는 경우가 많다. 우리나라에서 수정과를 만들 때 쓰는 계피는 대부분 카시아 계피이며, 중국 계피(Chinese cassia)라고도 부른다. 두 계피는 껍질째로 있을 때 쉽게 구분할 수 있는데, 실론 계피는 껍질이 돌돌 말려 여러 겹으로 채워져 있지만 카시아 계피는 두꺼운 껍질이 한 겹으로 말려 있다.

실론 계피와 카시아 계피는 향미와 성분이 다르다. 실론 계피는 단맛이 강하고 향미가 부드럽지만, 카시아 계피는 매운맛이 강하다. 실론 계피는 상대적으로 비싸지만 쿠마린이 적어서 식품으로 안전하게 사용할 수 있다. 쿠마린은 몇 종의 식물에서 볼 수 있는 성분으로 일정 용량에서 약리학적 작용을 하지만 고용량에서 간 독성이 있다. 실론 계피에도 미량이 들어 있지만 카시아 계피에 수십 배나 많다. 따라서 차로 장기간 마시려면 실론 계피를 섭취해야 한다. 카시아 계피의 하루 섭취량은 1~6g 정도로 제한하는데, 약성이 강하여 한의사들은 카시아 계피를 약으로 사용한다.

시나몬의 특징적인 냄새를 내는 신남알데히드는 1834년에 합성되면서 세계 최초의 합성 향기 분자가 되었다. 대중적인 향신료가 되기 전까지 시나몬은 호화 사치품, 최고급 향수이자 향으로 간주하였다. 특별한 날을 위한 고가의 향신료였던 것이다.

바닐린 Vanillin

Vanilla
Sweet
Creamy
Spicy
Phenolic
Milky

바닐라의 제조 과정

Plantation
재배 → 수확

Curing

Blanching
↓
Sweating
(발한, 발효)
↓
Sun drying
Boxing

선별
↓
상자포장
↓
개별포장

70°C의 물에 1~2분

낮 시간 건조
(밤에는 마대에 쌓아서 발효를 반복)

출처: Sambavanilla(www.sambavanilla.com)

바닐라가 여전히 세계에서 두 번째로 비싼 향신료인 이유

바닐라는 우리에게 매우 낯설고도 익숙한 향이다. 바닐라의 주성분인 바닐린은 최초의 화학 합성품 중 하나이지만, 여전히 천연 바닐라는 사프란에 이어 두 번째로 비싼 향신료일 정도로 천연의 풍미를 완벽히 재현하지 못하고 있다. 바닐라는 아이스크림에서 가장 인기 있는 향이고, 초콜릿, 커피, 코코아 음료, 과자 등 많은 식품에 쓰이지만 왜 그렇게 좋아하고 어떤 맛인지 표현하기는 쉽지 않다.

바닐라의 역사는 초콜릿과 짝을 이루어 왔다. 아즈텍족은 쓴맛이 나고 최음 효과가 있는 초콜라틀의 맛을 부드럽게 하기 위해 바닐라를 곁들였다고 한다. 바닐라는 수많은 난초류 중 식용 부위가 있는 유일한 작물이다. 오늘날에는 마다가스카르, 인도네시아, 멕시코, 타히티 등 여러 곳에서 재배되지만 1800년대 중반까지는 오직 멕시코에서만 재배할 수 있었다. 오랜 기다림 끝에 꽃이 피지만, 겨우 몇 시간 피었다가 시들어버리는 것으로도 유명하다.

바닐라는 1520년에 스페인을 통해 유럽에 소개되었고, 1602년 엘리자베스 여왕의 약종상인 휴 모건이 초콜릿 음료에만 사용하던 바닐라를 단독으로 사용하는 아이디어를 처음으로 떠올렸다. 그 결과 엘리자베스 여왕은 바닐라 맛에 완전히 사로잡혀서 남은 통치기간 동안 그녀가 먹거나 마시는 모든 것에 바닐라를 첨가하라고 지시했다. 이후 바닐라의 인기가 높아지고 수요가 많아지자 1800년대에 바닐라 나무를 유럽으로 가져왔고, 다시 인도양의 섬으로 옮겨 키워졌다. 그런데 나무가 잘 자라고 꽃도 피었지만 아무리 노력해도 열매를 맺지 않았다. 바닐라는 고작 몇 시간 동안만 꽃이 피고, 그때 바닐라꽃 안쪽에 숨겨진 암술과 수술을 만나게 해줄 특별한 곤충(벌)이 꼭 필요한데, 그 벌은 오직 멕시코에만 있었기 때문이다. 그러다 1841년, 열두 살의 관찰력 좋은 한 소년이 바닐라의 인공 수분 방법을 찾아냈다. 노예였던 에드몽은 아주 가는 막대나 엄지손톱으로 꽃밥과 암술머리를 분리하는 소각체를 들어 올리고 꽃가루를 직접 수술에서 암술머리로 옮겨주는 방법으로 수분을 한 것이다. 그 후로 멕시코가 아닌 다른 지역에서도 바닐라 재배가 가능해졌고, 현재는 아프리카의 마다가스카르에서 가장 많은 양이 생산되며 세계 최고의 품질로 대접받는다.

바닐라의 향이 완성되기까지는 상당히 많은 시간이 필요하다. 가루받이가 이루어지면 9개월여에 걸쳐 콩꼬투리 모양의 바닐라 빈이 여문다. 생 바닐라 빈에서는 아무런 향이 나지 않고, 몇 달에 걸친 숙성 과정을 거쳐야 비로소 향이 나기 시작한다. 바닐라 빈을 수확한 후 4단계로 3~9개월이 걸쳐 숙성해야 완성되는 것이다. 이 과정은 바닐라 빈을 삼베 주머니로 싸서 뜨거운 물에 담갔다가 꺼내는 것으로 시작한다. 그래야 바닐린을 생성하는 효소가 활성화된다. 생 바닐라 빈을 흑갈색이 될 때까지 품온을 높여 효소를 활성화하고, 수분을 발산시키고, 식히는 과정을 4개월 정도 반복하면 우

리가 원하는 달콤하고 향기로운 바닐라가 된다. 생 바닐라에는 향의 원료가 될 수 있는 물질이 많지만, 당과 결합한 상태라 향으로 느낄 수 없는데, 세포를 손상시키고 온도를 높여 효소를 활성화해 우리가 원하는 향을 만드는 것이다. 이런 점은 홍차의 제조 원리와 많이 닮았다. 홍차도 생잎을 말리고 비비는 등의 복잡한 과정을 통해 효소를 활성화해야 맛과 향이 풍부해진다.

아이스크림에서 가장 인기 있는 바닐라 맛의 시작은 현대 아이스크림이 폭발적으로 발전한 미국이었다. 식도락가인 제퍼슨 대통령이 즐겨 먹던 아이스크림이 바로 까만 바닐라 씨앗이 뿌려져 있던 바닐라 아이스크림이다. 당시의 아이스크림에는 맛을 위해 견과류, 과일 등을 듬뿍 넣었는데 제퍼슨의 바닐라 아이스크림은 충격적일 정도로 단순하고 특별했다. 사람들은 아이스크림에 바닐라를 곁들이면 본래의 우유 향이 사라지면서 특별한 향미가 생겨난다는 것에 신기해했고, 미국의 엘리트층을 중심으로 선풍적인 인기를 끌었다.

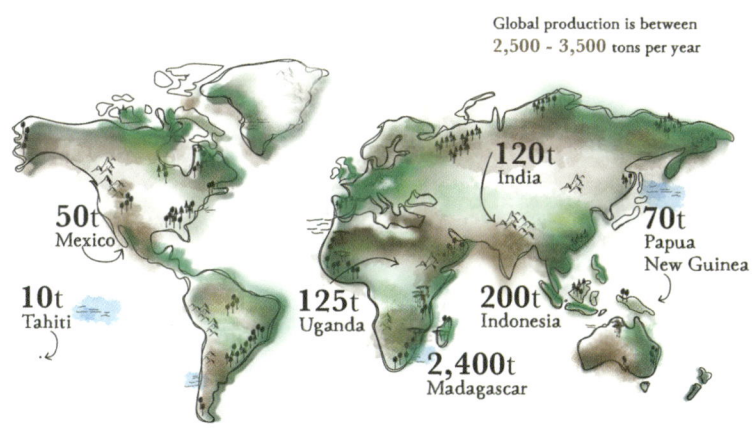

바닐라는 가끔 가격이 폭등한다. 바닐라 향의 주성분인 바닐린은 저렴하게 합성하지만, 바닐라 풍미는 아직 향기 물질의 조합으로 제대로 재현하기 힘들기 때문이다. 그래서 생산량이 달라지면 가격이 급변한다. 마다가스카르는 전 세계 바닐라 공급량의 절대다수를 차지하는데, 2001년과 2017년에 태풍으로 바닐라 나무가 큰 피해를 보면서 가격이 폭등했다.

그런데 우리는 왜 그렇게 비싼 바닐라를 좋아할까? 사실 바닐라는 생산하는 나라가 별로 없는 낯선 작물이다. 사람들은 낯선 향은 일단 경계하고 사람에 따라서도 호불호가 나뉘는 편인데, 바닐라 아이스크림만큼은 누구나 처음 먹어보는 순간부터 좋아한다. 그 이유를 설명하는 그럴듯한 이론은 우유에 바닐라 향을 첨가하면 모유의 향이 되고, 그것을 우리의 무의식이 기억하고 있기 때문이라는 것이다. 그것이 사실인지는 확실치 않지만, 바닐라는 알고 보면 우리와 꽤 친숙한 향이다. 바닐라의 핵심 향기 성분이 바닐린(Vanillin)인데, 나무가 타거나 분해될 때 소량씩 만들어지기 때문이다. 나무의 목질에는 다량의 리그닌이 포함되어 있는데 리그닌이 분해되면 여러 가지 향기 물질이 만들어지고, 그 중에는 상당량의 바닐린도 포함되어 있다. 도서관의 오래된 책도 리그닌이 천천히 분해되면서 여러 향기

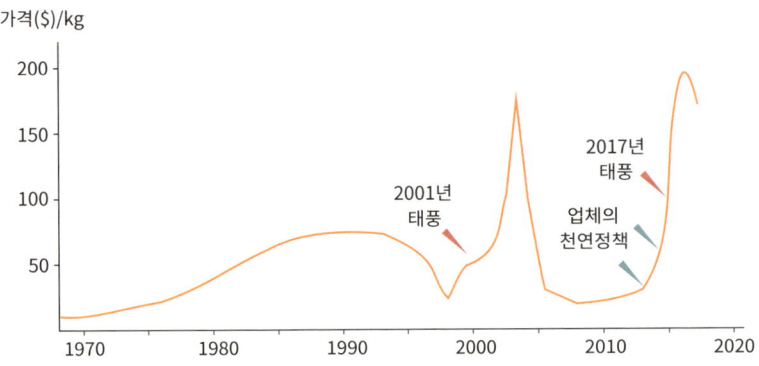

물질이 만들어지는데 여기에도 바닐린이 상당량 들어 있다. 우리의 주변에 바닐라 빈처럼 바닐린이 압도적으로 많이 들어 있는 작물은 없지만, 알고 보면 우리에게 조금씩 바닐라 향을 느끼게 해준 것들은 항상 곁에 있었던 것이다.

벤즈알데히드 Benzaldehyde

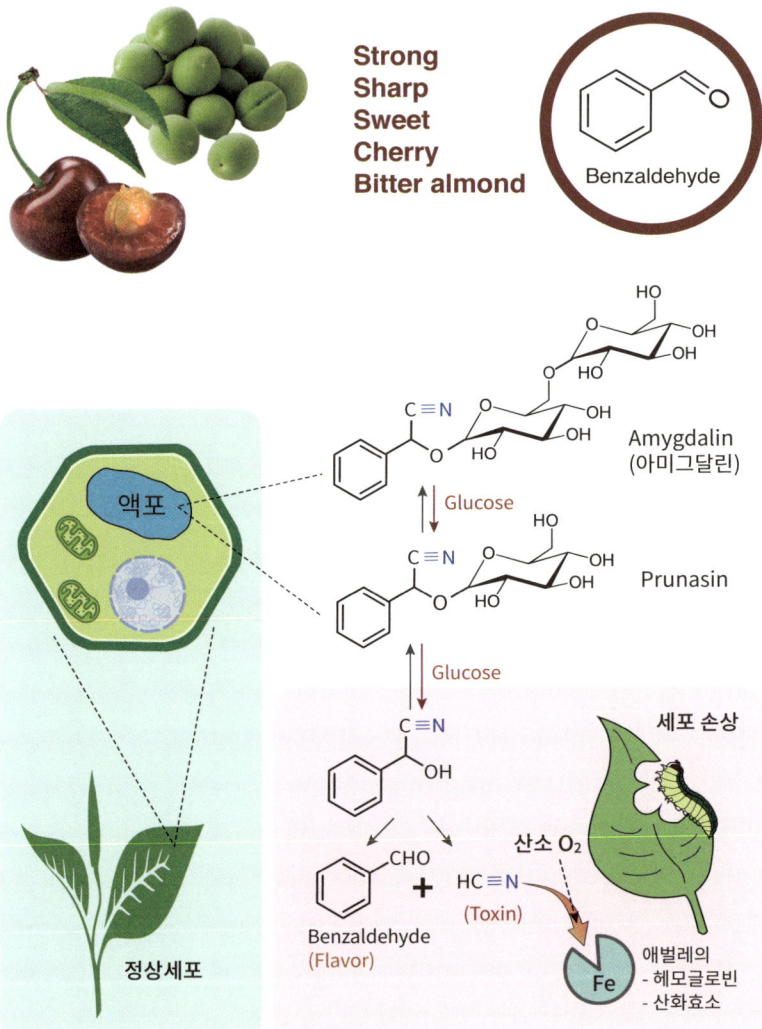

식물의 속씨에 숨겨진 독을 암시하는 냄새

매실은 수확 시기에 따라 풋매실, 청매실, 황매실로 구분되는데, 껍질의 녹색이 옅어지며 과육이 단단한 상태로 신맛이 강할 때 수확한 것을 청매실, 노랗게 익어 향기가 매우 좋을 때 수확한 것을 황매실이라 한다. 과일이 완전히 익어 황매실이 되면 씨앗은 단단히 굳고, 아미그달린이 크게 감소하며 특유의 향이 진해진다. 그런데 우리는 이런 황매실 대신 청매실을 주로 사용해왔다.

청매실의 인기에는 1999년에 출시된 한 매실 음료와 〈허준〉이라는 드라마가 큰 역할을 했다. 드라마 허준에는 돌림병이 돌았을 때 매실즙을 먹여 치료하는 장면이 등장하는데, 드라마가 워낙 인기여서 매실의 품귀가 일어났고, 음료에서 시작된 청매실의 인기는 요리용 매실청으로까지 번져 큰 인기를 끌었다. 설탕은 건강에 나쁘다는 소리에 찜찜하던 차에 단맛과 적당한 신맛으로 음식의 풍미를 끌어올리고, 몸에 좋은 효소도 있다고 하니 요리에 쓰기 아주 딱 맞았던 셈이다. 게다가 황매실은 일단 수확하거나 익어서 낙과 상태가 되면 매우 빠른 속도로 과육이 분해되어 녹아버리는 단점이 있다.

본초강목(本草綱目)에는 청매실은 약으로 사용하고, 황매실은 음료수로 마시라고 나와 있다. 그 이유는 아미그달린(Amygdalin)의 함량 때문인데, 청매실은 잘 익은 상태인 황매실에 비해 아미그달린이 훨씬 많다. 식물은 곤충과 동물로부터 자신을 보호하기 위해 온갖 화학 물질을 만드는데, 아미그달린도 그중 하나이다. 식물은 페닐알라닌을 리그닌으로 만들기 위해 대량으로 생산하는데, 극히 일부는 청산을 보관하는 분자로 쓴다. 페닐알라닌에서 유래한 벤즈알데히드 시안하이드린에 포도당을 한 개만 결합한 것이 프루나신이고, 두 개 결합한 것이 아미그달린인데, 1830년대에 처음으로 발견된 배당체가 이 아미그달린이다. 아미그달린은 벚나무속 식물(초크 체리, 체리, 살구, 배, 서양 자두), 은행, 사과, 아몬드 등에 있다. 식물에는 이처럼 많은 향기 물질이 배당체 형태로 있어서 감각으로 느끼지 못하기 때문에 바닐라나 차에서처럼 가공과정에서 당 분해 효소를 활성화해 배당체로부터 분리하는 과정을 거치기도 한다.

아미그달린 자체는 독도 향도 아니고, 단지 식물의 액포 속에 조용히 보관된 배당체의 일부일 뿐이다. 그러다 애벌레가 잎을 갉아 먹으면 별도로 보관된 당 분해 효소와 만나 청산과 벤즈알데히드로 분해된다. 문제는 청산이다. 청산은 산소보다 철분과의 결합력이 훨씬 강해서 철분을 이용하여 산소를 전달하는 헤모글로빈과 효소의 작용을 방해한다. 적은 양이면 문제가 없으나, 산소가 부족해 얼굴이 파래질 정도로 많은 양이면 위험하다. 아미그달린은 냄새가 없지만, 여기서 분해되어 만들어진 벤즈알데히드는 매우 독특한 향이 있다. 그 냄새를 맡게 하면 체리 등을 떠올리게 된다.

아미그달린은 체리에도 많지만 야생의 아몬드에 엄청 많이 들어 있다. 아미그달린이라는 이름도 '비터 아몬드(Bitter almond)'에서 유래했을 정도다. 심지어 비터 아몬드는 고전적인 추리 소설 속의 많은 범죄 장면에서 살인의 흔적을 암시하는 클리셰로 등장한다. 시신에서 나는 비터 아몬드 냄새가 청산가리로 독살당했다는 것을 암시하기 때문이다. 청산가리는 산소 대신 결합하여 세포 수준에서 질식사를 유도한다. 호흡은 모든 동물에 필수적이고, 특히 작은 곤충에 치명적이다. 요즘 우리가 먹는 아몬드는 돌연변이를 통해 아미그달린의 양이 줄었고 작물화를 통해 개량된 것이다. 사실 아미그달린은 대부분 과일의 속씨에 들어 있다. 살구, 자두, 복숭아씨, 체리, 배, 사과 씨 등에 있으며, 은행, 아몬드와 같은 견과류, 심지어 사탕수수에도 있다.

다행히도 아미그달린 같은 청산배당체는 딱딱한 씨 안에 들어 있다. 우리가 먹지 않고 버리는 부분이다. 그런데 카사바(Cassava)는 특이하게 뿌리안에도 들어 있다. 카사바는 쌀과 옥수수에 이어 열대 지방에서 세 번째로 많은 탄수화물 공급원이다. 개발도상국의 주식으로써 5억 명이 넘는 사람의 기본 식단을 제공한다. 이런 카사바의 뿌리, 껍질, 잎은 두 가지 시안을 생성하는 글루코사이드인 리나마린(Linamarin)과 시안화수소당(Lotaustralin)을 함유하고 있으므로 날것으로 섭취해서는 안 된다. 이들은 카사바에서 존재하는 리나마라제에 의해 분해되어 시안화수소(HCN)를 방출한다. 그래서 카사바를 먹는 나라는 담그기, 요리, 발효 등으로 시안 중독을 피한다. 카사바를 잠시 담그는 것(4시간)으로는 충분하지 않으며, 18~24시간 동안 담가두면 시안화물을 절반까지 제거할 수 있다. 여러 번 짜서 말리고 구우면 되지만 늘 가뭄에 시달리는 지역에서는 이것도 쉽지 않다.

한편으로는 아미그달린을 비타민 B17 또는 기적의 항암제라고 사람들을 현혹한 역사도 있다. 암세포는 정상 세포에 비해 배당체 분해효소(β-Glucosidase)가 많고 활성이 높아서 아미그달린을 섭취하면 암세포는 큰 타격을 입지만 정상 세포는 영향이 적다고 말하는데, 이는 사실이 아니다.

청매실은 한국인이 대량의 집단 실험을 통해 안전성을 입증한 과일이기도 하다. 아미그달린은 과육보다 속씨에 훨씬 많은데, 매실은 씨앗까지 같이 담그는 경우가 많아 매실청(매실과 설탕 1:1)을 담그면 속씨의 아미그달린이 녹아 나와 100일 전후로 아미그달린 함량이 가장 높아진다. 이후로 조금씩 분해되고 휘발되어 사라지는데, 300일이 지나면 다시 1/10로 감소하고 1년 지나면 모두 없어진다.

살리실산메틸 Methyl salicylate

Wintergreen
Minty
Spicy
Sweet

Methy Salicylate

페닐알라닌

Cinnamic acid

Coumaric acid

Benzoic acid

다양한 배당체

Salicylic acid

최초의 화학 합성약
Aspirin

Methyl salicylate

식물의 방어 신호 물질에서 아스피린 합성까지

살리실산메틸은 노루발풀 같은 약용식물뿐 아니라 홍차와 같은 평범한 식물에도 있는 향기 물질이다. 홍차의 여러 향기 물질 중 가장 먼저 그 실체가 밝혀진 물질이기도 하다. 그런데 사람들에게 그 향을 맡게 하면 파스나 안티푸라민 같은 약을 바로 떠올린다. 과거에는 요즘 같은 합성 약이 없어서 자연 식물 중 약리작용이 있는 것을 찾아 사용했는데, 서양에서는 노루발풀이 대표적이다. 이 노루발풀의 약리 성분이 살리실산메틸인데, 우리는 살리실산메틸의 향을 천연 식물이 아니라 약품으로 먼저 접했으니 음식에서 그 향이 나면 기겁을 하는 것이다. 멘톨도 비슷한 경우인데 멘톨은 원래 박하 잎의 성분이고, 과거에는 요리에도 제법 사용되었다. 그런데 시원한 청량감이 워낙 매력적이라 치약 같은 위생용품에 많이 쓰이면서 상대적으로 음식에는 점점 덜 쓰게 되었다. 그러니 민트초코처럼 음식에 멘톨을 넣으면 치약 냄새가 난다고 말한다. 원래 치약에는 아무 냄새가 없는데도 그렇다. 향의 호불호는 이처럼 맥락에 따라 얼마든지 바뀔 수 있다.

살리실산(Salicylic acid)은 식물 호르몬, 방어물질로 작용하며 의약품으로 주로 쓰인다. 피토케미컬로 존재하지만, 다량 섭취 시 위장 장애를 유발한다. 수용액은 강한 산성을 띠므로 피부에 닿으면 손상할 수 있다. 눈에 접촉 시 각막에 큰 피해를 줄 수 있다.

기원전 5세기 무렵, 히포크라테스는 버드나무 껍질로 만든 쓴맛 가루에 진통·해열 작용이 있다고 기록했다. 버드나무 껍질의 효능에 대한 기록은 고대 수메르, 이집트, 앗시리아에도 남아 있다. 1828년 프랑스의 약학자 앙리 르루(Henri Leroux)는 버드나무 껍질에서 처음으로 살리신을 추출했고, 이탈리아의 라파엘레 피리아(Raffaele Piria)는 정제하는 법을 알아냈다. 살리실산은 다양한 경로로 작용하는데, 그중 항염증 작용은 사이클로옥시제네이스(COX)가 프로스타글란딘을 생성하지 못하게 함으로써 일어난다.

1897년 아스피린을 발명한 펠릭스 호프만

고대부터 통증을 줄이는 데 사용된 버드나무 껍질

　살리실산은 의학적인 효과가 있지만 위벽을 자극하며 설사를 일으키고, 많이 먹으면 사망에 이르기도 한다. 1897년 독일 프리드리히 바이엘 사의 연구원 펠릭스 호프만(Felix Hoffmann)은 살리실산의 히드록시기를 카복실기와 에스터화 반응시켜 부작용을 크게 줄였는데 이것이 바로 '아스피린'이다. 이는 최초의 합성 의약품이다. 살리실산은 아스피린의 시작 물질이며, 초창기 살리실산 제조에는 버드나무 혹은 조팝나무 속의 메도 스위트(Spiraea ulmaria)가 사용되었으나, 공급량의 한계로 인해 페놀로부터 만드는 방법이 고안되었다.

» 배당체 이야기

배당체는 당이 결합한 형태다. 식물은 비활성 배당체 형태로 많은 화학 물질을 미리 생산하여 저장한다. 이들은 효소 가수 분해로 빠른 속도로 활성화될 수 있다. 많은 식물 배당체가 약물로 사용되고, 포식자에 대한 화학적 방어의 한 형태로 사용된다. 처음으로 발견된 배당체는 1830년대에 발견된 아미그달린이다. 식물에는 향기 물질이 배당체 형태로 더 많이 있어서 가공과정에서 효소를 활성화해 배당체로부터 분리하는 과정을 거치기도 한다.

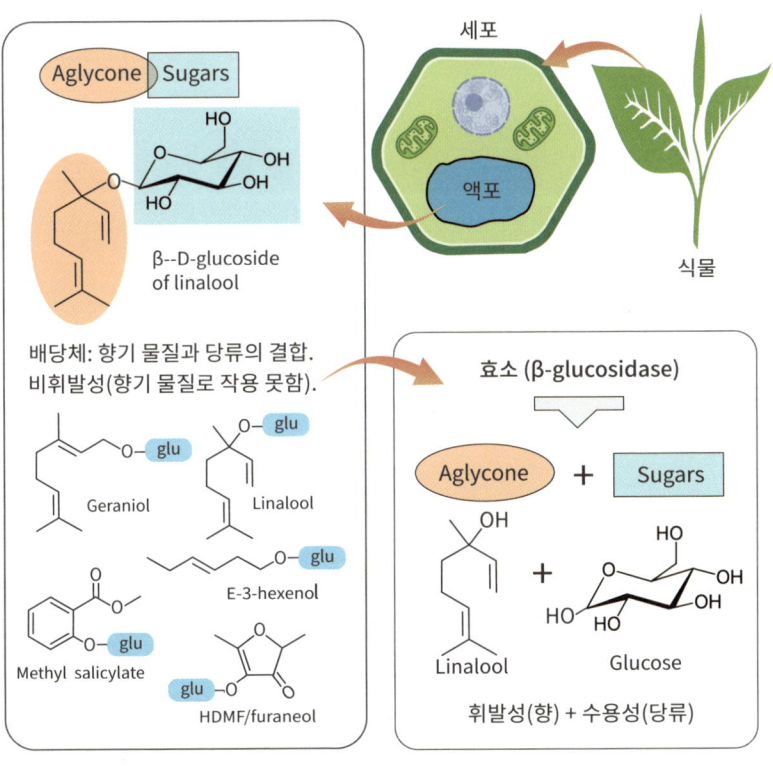

유제놀 Eugenol

정향은 유일하게 꽃봉오리를 이용하는 향신료이다.

Sweet
Spicy
Clove
Woody

Eugenol

4대 향신료

계피　　후추　　정향　　육두구

진통기능이 있어서 치과치료 시 진통제로 사용한다.

정향은 어쩌다 세계 3대 향신료에서 치과 냄새로 전락했을까?

중세 유럽에서 정향(Clove), 계피, 후추는 금처럼 귀한 대접을 받는 향신료였다. 보통은 씨, 뿌리, 껍질 등을 향신료로 이용하는데, 정향만 유일하게 꽃봉오리를 쓴다. 높이가 20m까지 자라는 나무의 꽃인데, 꽃이 벌어지면 향이 날아가 향신료로서 가치가 없어지기 때문에 1cm 정도의 꽃봉오리일 때 채집하여 말린다. 모양이 못(Nail)과 비슷해서 정향(丁香)이라 하고, 영어 이름도 라틴어 '못(Clavus)'에서 유래했다.

정향의 주 향기 물질은 유제놀이다. 향기 성분 전체의 70~85%를 차지하여 정향을 아는 사람은 유제놀 향만 맡아도 바로 정향을 떠올릴 정도다. 그런데 정향을 모르는 사람에게 유제놀 향을 맡게 하면 '치과 냄새'를 떠올리는 경우가 많고, 전혀 매력적으로 생각하지 않는다. 왜 유럽인들은 고작 치과 냄새(?)에 불과한 정향에 그토록 매료된 것일까?

정향은 고대 이집트, 로마, 중국 등에서 음식에 풍미를 더하기 위해 사용했는데, 중국에서는 기원전부터 궁중의 관리들이 황제를 알현할 때 입 냄새를 없애기 위해 이것을 입에 품었다고 해서 '계설향'이라고 불렀다. 그러다 중세 이슬람 상인을 통해 지중해 지역에 알려지게 되었고, 당시 단조로웠던 유럽 음식에 맛을 일깨워 주었다. 그러면서 점점 인기가 증가하여 15세기에는 인도네시아를 배경으로 유럽의 국가들이 막대한 이권이 걸린 향신료에 국운을 걸고 전쟁이 벌어지기도 했다.

정향의 진통 기능은 민간요법에서 특효약이었다. 1976년 개봉한 더스틴 호프먼 주연의 〈마라톤 맨〉에도 등장한다. 한 치과의사가 호프먼의 멀쩡한 치아를 뽑아 극심한 통증을 경험하게 한 뒤 유제놀을 발라주면서 통증이 싹 사라지는 천국을 경험하게 하는 식으로 고문을 하는데, 영화에서 고문이 나오는 장면은 아주 짧지만 워낙 인상적이라 영화를 본 많은 사람이 기억하고 있지 않을까 생각한다.

유제놀은 요즘도 치과 치료에 사용하는데, 그것을 왜 사용하는지 모르는 경우가 많다. 만약 아무런 마취를 하지 않고 치료한 후 통증이 극에 도달할 즈음에 유제놀을 발라주면 그 향과 함께 통증이 줄어들어 좋은 향으로 기억될 텐데, 요즘은 미리 진통제를 놔주기 때문에 치료가 끝난 뒤 뭔가 얼얼하고 불쾌한 경험이라고만 기억한다. 그러니 과거에는 정향이 금보다 귀한 대접을 받았다는 사실을 쉽게 이해하기 힘든 것이다.

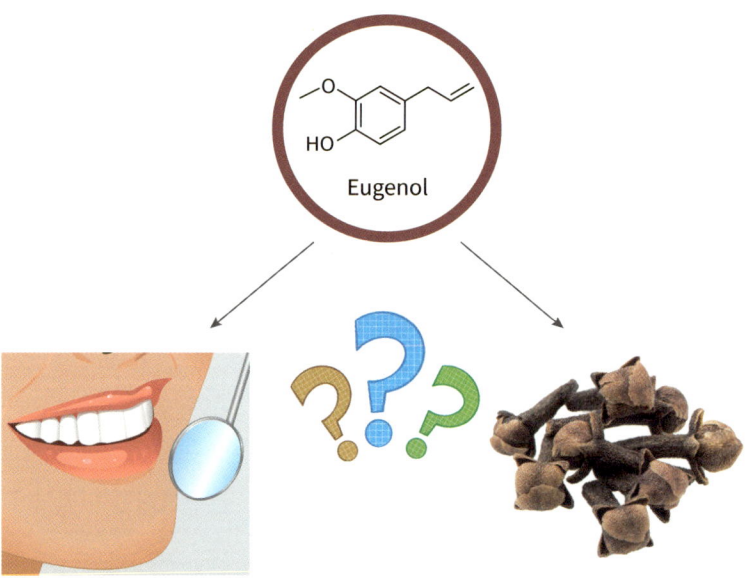

» 사람들이 좋아하는 것은 향이 아니라 자극?

정향은 서양에서 후추, 계피와 함께 3대 향신료로 많은 사랑을 받았고, 그만큼 매우 비싼 가격에 거래되었다. 그런데 현대인의 경우 정향의 냄새를 찬미하기는커녕 치과 냄새 정도로 취급한다. 향은 이처럼 상황에 따라 쉽게 호불호가 바뀌는 것이라 그 가치를 이해하려면 시대와 상황을 먼저 알아봐야 한다.

예전부터 향신료가 고가로 대접받은 이유는 소량으로도 아주 새롭고 특별한 자극을 부여했기 때문이다. 향신료를 적절히 희석하고 조화시키면 기존에 없던 풍미를 부여하여 단조로운 음식을 더 복합적이고 맛있는 맛으로 변화시킨다. 향신료는 사실 미각, 후각, 온각, 촉각 등 다양한 감각 수용체를 동시에 자극해 맛을 더 강하게 느끼게 한다. 지금 한국인이 가장 열광하는 향신료는 고추이다. 고추는 향이 특별하지도 않고, 정향처럼 진통 작용이 있는 것도 아니다. 오히려 우리 몸에서 가장 고온을 느끼는 온도 수용체(TRPV1)를 자극하여 화상을 입는 듯한 통증을 유발한다. 그런데도 사람들은 고추의 매운맛에 열광한다. 타는 것처럼 맵지만 순간적인 착각이었음을 알면 웃으면서 즐길 수 있는 것이다.

그리고 강한 자극은 맛을 기억하는 데 큰 영향을 준다. 마치 평범한 일상은 기억하지 않고 강한 공포나 쾌감을 오래 기억하는 것과 같은 원리다. 결국 향신료의 매력은 지루한 것을 싫어하고 자극적인 것을 좋아하는 인간의 본성에 기인한다고 볼 수 있다. 향신료가 가지고 있는 온갖 자극 중에서 어느 것이 더 매력적인지는 결론 내리기 힘들지만, 확실한 것은 향신료의 매력이 결코 향에만 있지는 않다는 사실이다.

피페로날 Piperonal(Heliotropin)

Almond **Sweet**
Balsam **Vanilla**
Berry **Violet**
Cherry **Woody**
Creamy **Wine-like**
Floral **Herbaceous**
Raspberry

Piperonal

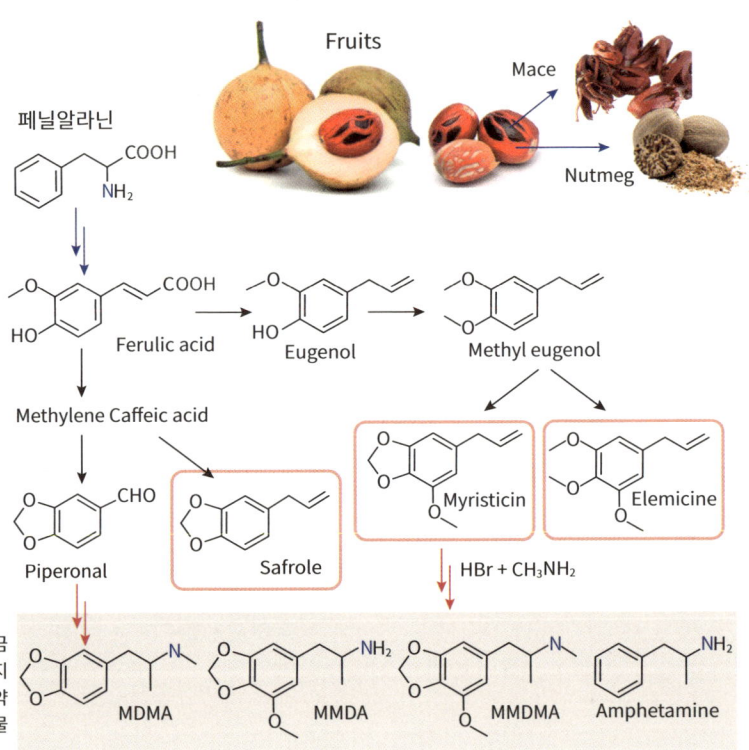

금지약물

육두구에 들어 있는 환각 물질

육두구는 Myristica속에 속하는 나무의 속 씨로 육두구(Nutmeg)와 이것을 감싸는 껍질인 메이스(Mace)로 구성되며 각각 별도의 향신료로 취급된다. 육두구와 메이스는 감각적 품질이 비슷한데, 육두구는 약간 더 달콤하고 메이스는 더 섬세한 향미를 가지고 있다. 메이스는 밝은 오렌지색, 사프란과 같은 색조를 주기 때문에 가벼운 요리에 선호되는 경우가 많다.

인도네시아 동부의 반다 제도는 19세기 중반까지 육두구와 메이스 생산의 유일한 공급원이었다. 기원전부터 사용된 육두구는 6세기에 인도로 전해졌으며, 아랍 상인들은 육두구의 원산지가 반다 제도임을 알아냈지만, 이 위치를 13세기까지 유럽 상인들에게 철저히 숨기고 비밀로 했다.

1511년 8월 포르투갈은 당시 아시아 무역의 중심지였던 말라카를 정복했다. 11월에는 반다의 위치를 알게 되었고, 그들은 자바(Java), 암본(Ambon) 등을 거쳐 1512년 초에 반다(Banda)섬에 도착했다. 반다섬에 유럽인으로는 처음 도착한 원정대는 한 달 정도 머물며 육두구, 메이스, 정향을 사서 배에 가득 채웠다.

이후 네덜란드인도 1599년에 도착하여 포르투갈과 경쟁했다. 네덜란드 동인도 회사는 그 지역 술탄과 동맹을 맺고 1605년에 암본과 티도레를 정복하여 포르투갈을 몰아냈다. 필리핀에서 온 스페인의 반격도 받았지만, 네덜란드는 무자비한 정책을 통해 향신료 생산과 무역을 독점했다. 1621년에는 반다 제도의 대학살도 있었다. 역사가 윌러드 하나(Willard Hanna)는 이 섬에는 약 15,000명이 살고 있었는데 겨우 1,000명만이 살아남았다고 추정했다.

프랑스혁명과 나폴레옹 전쟁 중 영국은 1796~1801년과 1810~1817년에 이 지역을 점령했고, 많은 향신료 나무를 뿌리째 뽑아 스리랑카, 싱가포르 등 여러 지역으로 옮겼다. 인도네시아 몰루카 제도에서 발견되는 육두구를 두고 포르투갈, 네덜란드, 영국 등 서구 열강들이 경쟁적 침탈을 벌인 것이다. 육두구 같은 향신료가 유럽의 1600년대에 유럽을 반쯤 미치게 만들었고 반다섬의 악마적 사건은 유럽 식민주의의 서막이었다.

육두구에는 미리스티신(Myristicin) 등 독성물질도 포함되어 있어 과다 복용 시 부작용 발생할 수 있다. 원인불명으로 결론이 났지만 2014년 경

인도네시아 반다섬을 둘러싼 향신료 전쟁

기도 일산에서 벌어진 인도 요리 집단 마비 사건의 주요 요인으로 추정된다. 육두구를 과량 복용하면 환각 효과가 나타나 기분이 좋아진다고 하는데, 미리스티신(Myristicin)과 엘레미신(Elemicin)이 대사 작용 중에 암페타민과 유사한 물질로 전환되어 항콜린성 환각 기작을 유발하는 것으로 보인다. 깨어나는 것도 느리고, 불쾌한 숙취를 동반해서 환각제로는 잘 사용되지 않지만, 대체품으로 복용하는 이들도 종종 있다. 재즈 색소폰 연주자 찰리 파커는 약이 없을 때 육두구 가루를 탄산음료에 왕창 풀어서 대용품으로 사용했다고 한다.

사람마다 차이는 있지만 육두구 중독은 섬망, 불안, 혼란, 두통, 메스꺼움, 현기증, 구강건조증, 눈 자극 및 기억 상실과 같은 부작용을 동반할 수 있다. 중독은 최대 효과에 도달하는데 몇 시간이 걸리며 며칠 동안 지속될 수도 있다.

» 매운맛과 노벨상: 향신료의 매운맛(Pungent Aroma chemical)

인간의 생존에는 체온 유지가 정말 중요하다. 우리 몸에는 온도를 감각하기 위한 온도 수용체가 있는데, 15℃ 이하를 감각하는 TRPA1, 25℃ 이하를 감각하는 TRPM8, 33~39℃를 감각하는 TRPV3, 43℃ 이상을 감각하는 TRPV1이 그것이다. 그런데 이들 수용체는 실수로 온도가 아닌 화학 물질에 반응하기도 한다. 단맛 수용체는 에너지원인 당류에 감각하도록 설계된 것인데, 실수로 칼로리가 없는 고감미 감미제에도 반응하는 것이다. 우리 몸의 감각은 생존에 충분할 정도로 정교하지만 완벽하지는 않다.

캡사이신의 특별함은 우리 몸에서 43℃ 이상의 가장 뜨거움을 감각하는 TRPV1에 결합하는 능력이 매우 강하다는 것에 있다. 목욕탕의 견디기 힘든 뜨거운 열탕의 온도가 43℃이다. 우리 몸이 43℃가 넘으면 온도가 올라가는 속도와 열기의 양을 감지할 뿐 그 이상을 감각하는 수용체는 없다. 캡사이신은 TRPV1을 열탕의 뜨거운 물보다 빠르고 강력하게 작동시킨다. 그래서 우리 몸은 화상을 입었다는 착각을 한다. 이 온도 수용체는 혀뿐만 아니라 눈이나 피부의 민감한 부분에도 있어서 캡사이신이 묻어 있는 손으로 민감한 부위를 만지면 심한 고통을 느낀다. 수용체는 내장에도 있어서 고추를 삼킨 후에도 한참 동안 얼얼한 통증을 느낀다. TRPV1 수용체는 캡사이신 외에 장뇌(Camphor), 후추의 피페린(Piperine), 마늘의 알리신(Allicin) 등에도 반응하지만 그 정도는 훨씬 적다.

다른 향신료의 특별함을 설명하는 것도 온도 감각이다. 향신료 대부분에는 온도 수용체를 자극하는 물질이 한 가지 이상 들어 있다. 겨자나 고추냉이의 이소티오시아네이트, 마늘의 알리신, 디설파이드, 시트러스 과일의 시트랄, 생강의 진저롤, 백리향(thyme)의 티몰, 계피의 신남산알데히드 등은 가장 차가운 온도를 감각하는 TRPA1을 자극한다. 박하의 멘톨, 여러 향신료의 제라니올, 유칼립톨 등은 시원함을 감각하는 TRPM8을 자극한다. 오레가노, 장뇌, 정향은 TRPV3을 자극하는 성분이 있다. 그리고 마늘의 알리신처럼 차가움을 감각하는 TRPA1과 뜨거움을 감각하는 TRPV1를 동시에 자극하는 성분도 많다. 그런데 가장 차가움을 감각하는 TRPA1과 가장 뜨거움을 감각하는 TRPV1는 뇌에서 연합영역이 많이 겹쳐서 구분이 잘 안 된다.

사실 매운맛은 객기이다. 불타는 듯한 빨간 음식은 우리에게 분명 위협적으로 보인다. 그런데 우리는 왜 눈물 나게 매운 음식이라는 걸 뻔히 알면서도 즐겨 먹을까? 매운 고추를 고추장에 찍어 먹고, 매운 음식을 뜨겁게 먹는다(매운맛은 60℃에서 가장 강하게 느껴진다). 이런 이해하기 힘든 욕망을 설명하는 이론이 '진통 작용론'이다. 캡사이신은 동전의 양면과 같아서 처음엔 통증을 일으키지만, 나중에는 진통 작용을 한다. 매운맛은 뜨겁지 않은 화상이고, 뇌가 만든 가상의 아픔이다. 고추를 먹으면 캡사이신이 TRPV1을 자극하고 TRPV1이 활성화되면 몸은 화상을 입은 것으로 판단한다. 그리고 뇌는 화상의 고통을 덜어줄 진통 성분인 엔도르핀을 만들어 내 몸을 위로할 필요가 있다고 결정한다. 진통 성분이 분비되지만 실제로는 화상을 입은 것이 아니므로 통증은 금방 사라지고 묘한 쾌감이 남는다. 매우 위중한 상황으로 느꼈는데 실제로는 전혀 위험하지 않기 때문에 화끈거리는 느낌이 사라지면 은근한 시원함이 남는 것이다.

캡사이신은 이처럼 엔도르핀을 분비하게 해 우리를 중독에 빠지게 만든다. 매운맛은 중독이다. 세상에서 제일 쉬운 게 금연이라는 농담처럼, 사람들은 매운 음식을 끊었다가 다시 먹기를 반복한다.

그리고 요즘은 좀 더 색다른 매운맛을 즐기는 사람이 늘었다. 중국 쓰촨(四川)요리로 대표되는 '마라(麻辣)'가 그것이다. 마라는 중국어로 '맵고 얼얼하다'라는 뜻인데, 그 느낌이 우리가 여태 먹었던 매운맛과 사뭇 다르다. 볶음 요리인 마라샹궈나 샤부샤부인 훠궈 모두 기묘하게 얼얼하다. 왜 다른 것일까?

마라에는 색다른 자극이 존재한다. 바로 촉각이다. 쓰촨요리에서 특별한 매운맛의 주역은 쓰촨 산초인데 우리의 산초와는 다른 종류다. 여기에는 3% 정도의 알파 산쇼올(Hydroxy α-sanshool)이 있는데, 캡사이신의 매운맛과는 다른 '얼얼한 맛(마; 痲)'을 제공한다. 초피가 많이 들어간 음식을 먹다 보면 입술이나 혀, 입천장 등 여러 부위가 저리고 얼얼한 걸 느낄 수 있는데, 산쇼올은 4가지 촉각 수용체 중에 가벼운 진동을 감각하는 수용체를 활성화하기 때문이다. 온도 수용체가 실수로 캡사이신이라는 화학 분자에 반응하는 것처럼, 촉각을 담당하는 수용체가 실수로 산쇼올이라는 화합물에도 반응하여 마치 피부가 떨리고 있다고 착각하는 것이다. 2013년 영국의 유니버시티 칼리지 연구팀은 산쇼올 성분을 입술에 발랐을 때 초당 50회 진동하는 것과 비슷한 자극이 일어나는 것을 확인했다.

사람들은 시간이 지날수록 같은 자극을 지루해하고 좀 더 강한 자극을 원하지만 단일한 자극이 너무 강한 것에는 거부감이 있다. 자극이 복합적일수록 합창이나 오케스트라처럼 풍부하다고 느끼는 것이다. 마라에는 미각과 후각이 있지만 온각과 촉각마저 있다. 그러니 항상 새로운 자극을 추구하는 인간을 사로잡을 수 있는 것이다.

매운맛 성분	강도	원료 출처
캡사이신	150~300	고추
캡사이신 변형체	85~90	고추
Piperine	1	흑후추
Paradol	1	그레인 오브 파라다이스
Shogaol	1.5	생강(Gingerol)
Gingerol	0.8	생강
Zingerone	0.5	생강(가열한 것)

크레솔 Cresol

Musty
Phenolic
Plastic
Medicinal
Herbal
Leathery

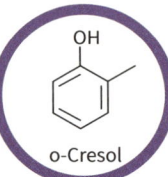

Phenolic
Narcissus
Animal
Mimos

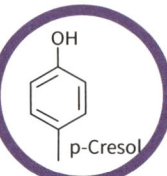

Medicinal
Woody
Leather
Phenolic

우리는 왜 병원의 소독 냄새를 싫어할까?

19세기 오스트리아의 산부인과 의사인 제멜바이스(Gnaz Philipp Semmelweis)는 의사의 손 씻기로 출산 후 산모의 감염병을 예방할 수 있다고 수없이 학회에 발표하고 입증했다. 하지만 당시 주류 학자들에 의해 철저히 배척당했고, 결국 병원에서도 쫓겨나고 정신병원에서 고통스럽게 숨졌다. 그의 주장은 30여 년이 지난 후 파스퇴르와 코흐에 의해 세균에 대한 연구가 진전되며 비로소 받아들여졌다. 그 후로 1847~1849년 사이에 산욕열 발생률은 1/10로 감소했다.

페놀(Phenol)은 하이드록시기(-OH)가 있는 방향족 화합물로서 다양한 화학합성의 전구체로 쓰이며, 폴리카보네이트, 나일론, 세제, 제초제뿐 아니라 수많은 약품 합성의 주요 원료이다. 무색의 결정으로 휘발성으로 특유의 냄새가 나는 '최초의 소독약'이기도 하다. 1865년 영국의 조셉 리스터(Joseph Lister)경이 시험적으로 수술 전 의사에게 사용한 후 그 효과를 입증했다. 소독 전엔 35명 중 16명이 죽어 나갔는데, 소독 후에는 40명 중 6명만 사망했다. 하지만 당시에도 독성 때문에 의사의 손에 물집이 잡히거나 호흡기가 아파지는 등의 문제가 있었고, 다른 소독약이 발달하면서 점차 도태되었다.

'석탄산'이라 불리는 크레졸은 페놀과 사촌 간이다. 한때 소독제로 쓰였지만, 지독한 냄새와 독성 그리고 소독된 수술 가운과 장갑, 마스크 등 감염을 막을 수 있는 간편한 기술들이 개발되면서 이 외과수술의 영웅은 점차 역사의 뒤편으로 사라졌다. 우리 기억 속에 남아 있는 크레졸 냄새는 그런 역사의 흔적이다.

» 피트(Peat; 이탄, 토탄) 향

이탄은 습지 등에 부분적으로 부패한 식물이나 유기물이 축적된 것이다. 북위 40~60° 사이의 한지 늪지 습지대에 널리 분포한다. 사람을 포함한 동물이 이탄 구덩이에 빠지면 썩지 않고 미라화되어 보존되는데, 이탄은 석탄처럼 유기물이 오랜 기간에 걸쳐 고온과 고압을 받아 숙성되지 않아, 식물 조직이 그대로 존재하는 것이 많고 탄소 함유량은 적다. 수분을 다량으로 함유하여 바로 연료로 쓸 수 없다. 나무를 구하지 못하는 경우 이것을 말려 난방용으로 썼다.

스코틀랜드에서는 위스키의 재료인 맥아를 훈연해 독특한 향취를 더하는 데도 쓰인다. 일명 '피트 위스키(Peat whisky)'이다. 예전에는 단순히 아궁이에 굽는 재료로 이탄을 쓰고, 유입된 연기가 입혀지는 수준이었으나 최근에는 아예 굽는 과정과 별개로 반 밀폐된 방에 연기 자체를 쐬어 향을 입힌다. 피트 정도를 표기하는 페놀 수치는 위스키 제품 내 함유된 농도가 아닌, 생산 과정에서의 원재료인 '맥아'에 함유된 페놀류의 농도를 ppm 단위로 표기한다. 원부자재의 피트 함량이 높을수록 더 피티한 위스키가 생산될 가능성이 높지만, 실제로는 다양한 요소의 영향을 받으므로 정비례 관계가 성립하지는 않는다.

피트 위스키는 필연적으로 이탄을 연소하게 된다. 혐기 상태로 분해되지 않고 머물러 있기에 지구 토양의 탄소 약 30%를 저장하고 있는 주요한 탄소 흡수원이다. 지표의 약 3%밖에 차지하지 않지만, 지구 모든 숲에 저장된 탄소의 2배를 저장하고 있을 정도로 많은 양이다. 현재는 늪지대 파괴를 막기 위해 전 세계적으로 이탄 채굴을 규제하고 있다. 위스키에는 아직 피트 사용 금지까지는 포함되지 않았다. 위스키 산업에서의 사용량이 영국 전체 이탄 추출량의 2% 이하이기 때문이다.

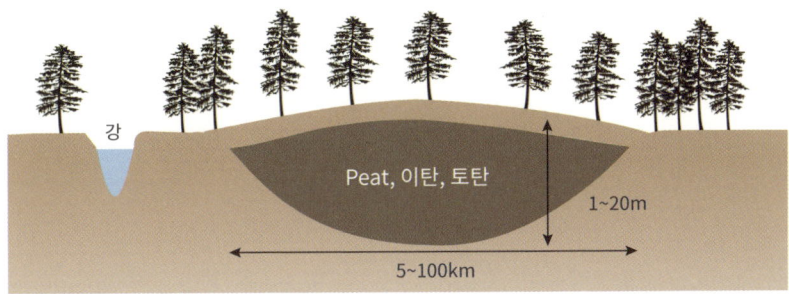

방향족 물질

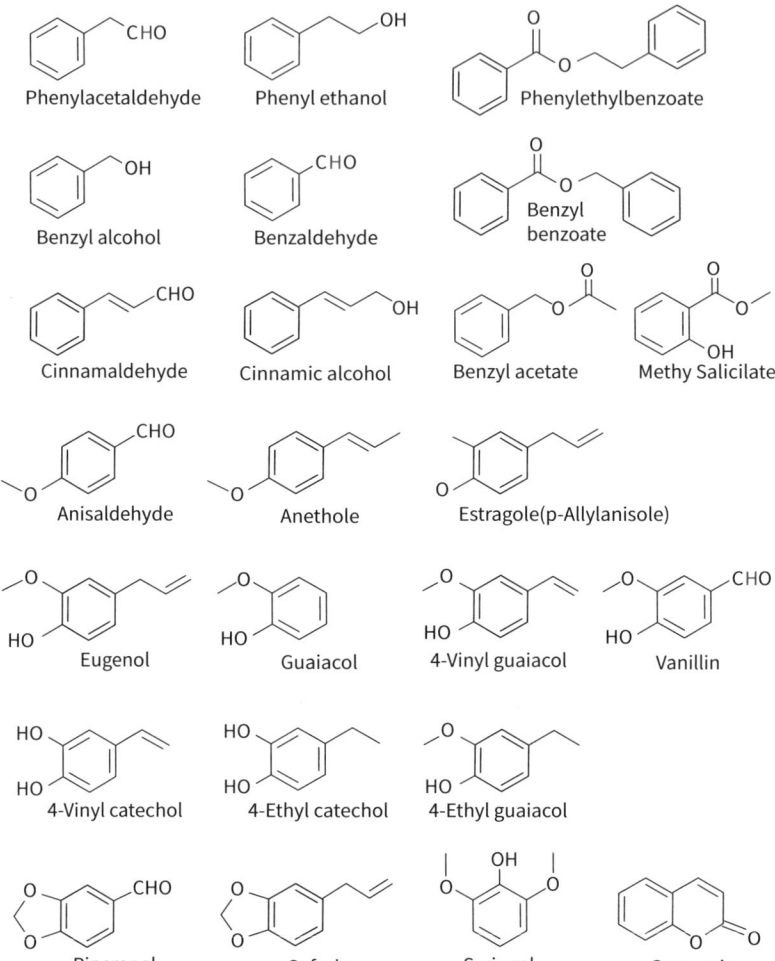

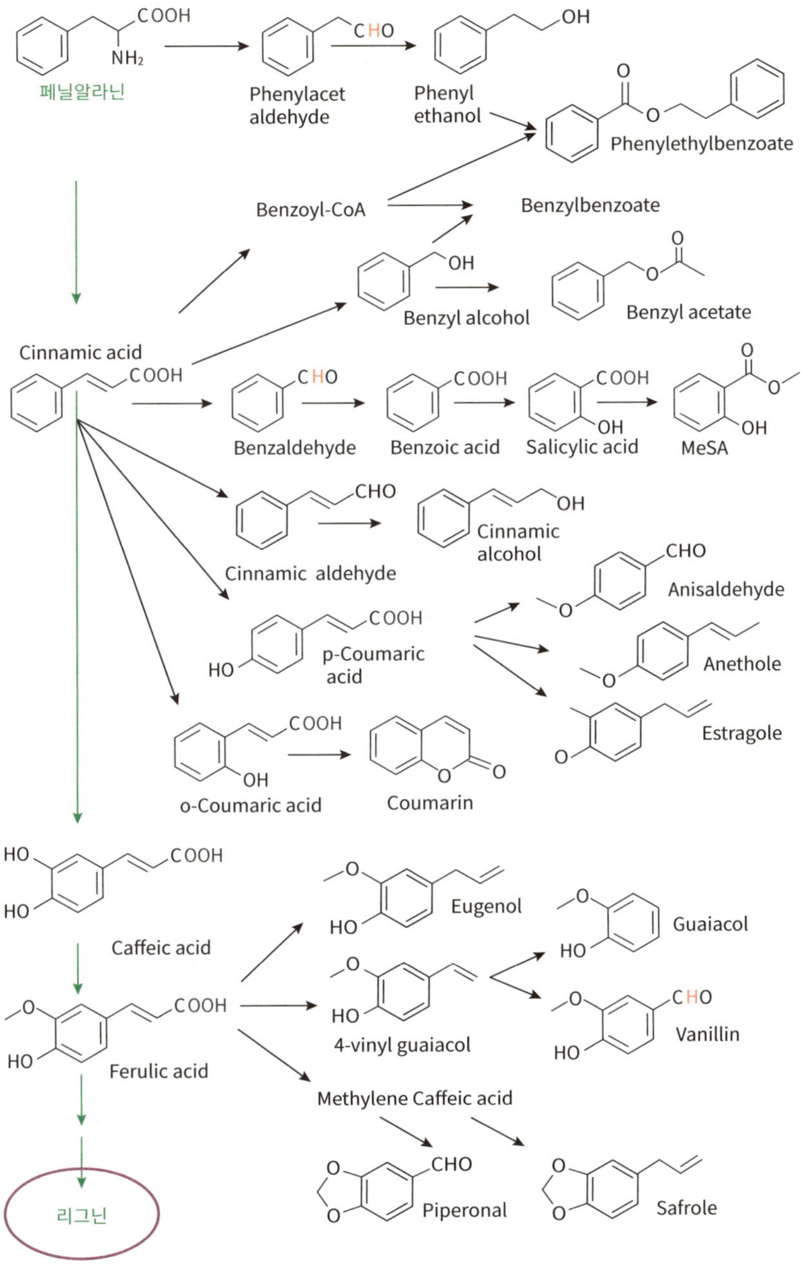
COOH
NH_2
페닐알라닌
CHO
Phenylacet aldehyde
OH
Phenyl ethanol
O
O
Phenylethylbenzoate
Benzoyl-CoA
Benzylbenzoate
OH
Benzyl alcohol
O
O
Benzyl acetate
Cinnamic acid
COOH
CHO
Benzaldehyde
COOH
Benzoic acid
COOH
OH
Salicylic acid
O
O
OH
MeSA
CHO
Cinnamic aldehyde
OH
Cinnamic alcohol
CHO
O
Anisaldehyde
COOH
HO
p-Coumaric acid
O
Anethole
O
Estragole
COOH
OH
o-Coumaric acid
O
O
Coumarin
HO
HO
COOH
Caffeic acid
O
HO
Eugenol
O
HO
Guaiacol
O
COOH
HO
Ferulic acid
O
HO
4-vinyl guaiacol
O
CHO
HO
Vanillin
Methylene Caffeic acid
O
O
CHO
Piperonal
O
O
Safrole
리그닌

알아두면 좋은 향기 물질

3
카보닐 향기 물질

1	터펜계 향기 물질
2	방향족 향기 물질
3	카보닐 향기 물질
4	에스터와 락톤
5	가열로 만들어진 향
6	황화합물
7	질소 화합물

에너지 대사

앞서 설명한 터펜계 향기 물질과 방향족 향기 물질은 주로 식물이 만드는 2차 대사산물이다. 식물의 기본적 세포 기능, 세포분열, 생장 유지 등 식물의 생존과 직결된 물질은 아니지만, 초식동물에 대한 화학 방어 기작이나 생물종 간의 상호작용 등의 역할을 한다. 인간은 이들 물질로부터 향료 물질을 추출해 활용해왔다. 그리고 에너지 대사 이화작용의 부산물로 향이 만들어지기도 한다.

이화작용(異化作用: Catabolism)은 분자를 더 작은 단위로 분해하여 에너지를 얻기 때문에 분해대사(分解代謝)라고도 한다. 다당류, 지질, 단백질 등의 큰 분자를 단당류, 아미노산 등의 작은 단위로 분해하고 이들 물질을 젖산, 아세트산, 이산화탄소 등으로 분해하면서 ATP 같은 에너지를 얻는다. 이화작용의 예로는 해당과정, 시트르산 회로, 포도당신생합성의 기질로 아미노산을 사용하기 위한 근육 단백질의 분해, 지방 조직에서 지방을 지방산으로의 분해, 모노아민 산화효소에 의한 신경전달 물질의 산화적 탈아미노화 등이 있다. 그리고 이들로부터 향기 물질도 만들어진다.

음식은 크게 우리 몸을 만들 때 필요한 성분을 얻는 것과 태워서 에너지를 얻기 위한 것의 두 가지로 나뉜다. 이 중에서 압도적으로 많이 필요한 것은 몸을 작동시키기 위한 에너지원인 ATP를 만드는 것이다. 우리 몸은

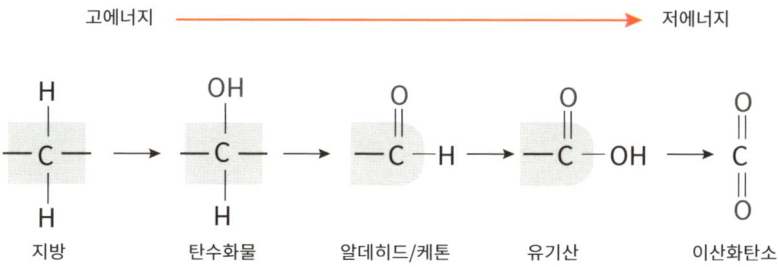

대략 37조 개 정도의 세포로 되어 있고, 모든 세포는 ATP가 있어야 작동한다. 우리 몸은 1분에 40g 정도의 ATP를 소비하는데, 언뜻 적어 보여도 1시간이면 2,400g이고, 하루면 58kg이다. 매일 자기 체중만큼의 ATP를 소비하는 것이다. 이 양을 음식으로 섭취해야 한다면 정말 끔찍한 일이 아닐 수 없다.

다행히 ATP는 재생이 된다. 포도당과 같은 칼로리원을 연소시켜 ADP와 인산(Pi)을 결합하면 ATP가 된다. 포도당 1분자를 완전히 연소시키면 30개 이상(최대 38개)의 ATP를 재생할 수 있어서 58kg의 ATP를 재생하려면 640g(2,560Cal) 정도의 포도당만 있으면 된다. 이것이 우리가 매일 그렇게 많은 음식을 먹어야 하는 핵심적인 이유다.

이처럼 음식을 먹는 핵심 목적은 단순하지만 먹는 성분 또한 알고 보면 정말 단순하다. 우리가 먹는 음식물의 절반 이상은 포도당이라는 딱 한 가지 분자이다. 온갖 건강프로그램에서는 마치 수백 가지 영양 성분을 섭취해야 살아갈 수 있는 것처럼 말하지만, 한국인의 영양 섭취량은 탄수화물 비중이 60%가 넘고 탄수화물은 쌀, 밀, 옥수수, 감자 등 어떤 것으로 먹든 전분(Starch)이고, 전분을 분해하면 포도당이란 딱 한 가지 분자가 된다.

이런 포도당을 피루브산으로 분해한 뒤 피루브산이 알코올로 변환되는 것이 술이고, 이산화탄소로 완전히 분해하면 호흡이다. 발효는 결국 180g의 포도당으로부터 절반 정도에 해당하는 92g의 알코올을 얻는 과정이다. 물론 순수하게 이 반응만 일어나는 것이 아니라 글리세롤과 젖산, 초산 등의 부산물을 만드는 데 5% 정도가 쓰이고, 2.5% 정도는 생존을 위해 쓰이는 등 포도당의 92% 정도만 알코올로 변환된다. 수율이 47% 정도이다. 절반 가까이가 이산화탄소로 손실되니 낭비인 것처럼 보이지만, 포도당은 1g당 4Cal의 열량을 내고 알코올은 7Cal의 열량을 내므로 그렇게 큰 손실은 아니다.

원래 목적이 무엇이었든 효모는 알코올을 만드는 과정에서 부산물로 향기 물질을 만든다. 만들어진 알코올에 비해 정말 적은 양이지만 술의 품질을 좌우하는 것이 바로 이 향이다.

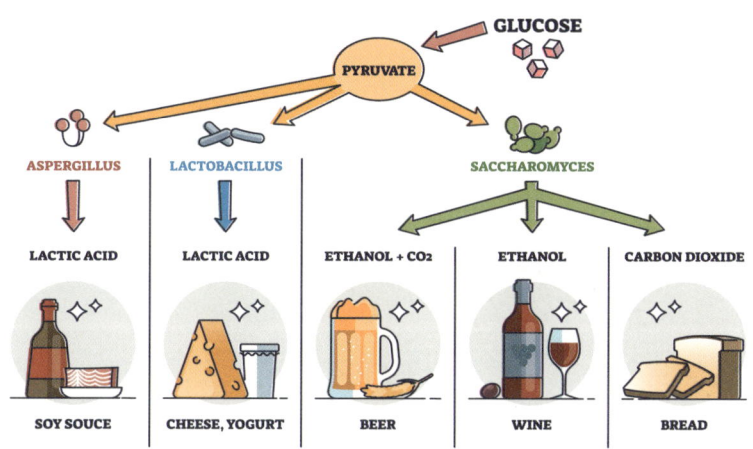

프로피온산 Propionic acid

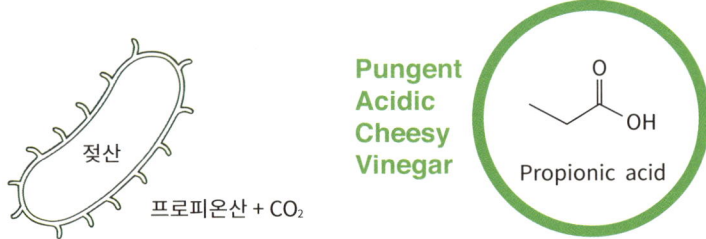

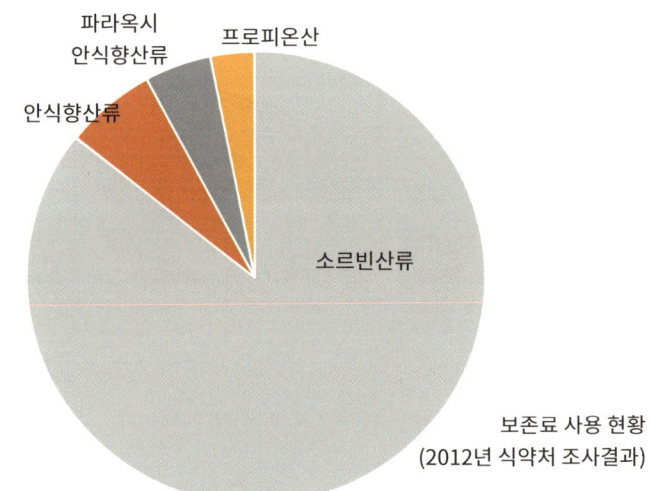

보존료 사용 현황
(2012년 식약처 조사결과)

(냄새 평가시 추천 농도)

Acetic acid	10%	sharp, pungent, sour, vinegar
Propionic acid	0.1%	pungent, acidic, cheesy, vinegar
Butyric acid	1%	sharp, dairy-like, cheesy, buttery
Valeric acid	1%	acidic sharp, cheesy, sour milky, fruity
Isovaleric acid	1%	rancid, Cheese, Disagreeable
Hexanoic acid	10%	cheesy, fruity, green, fatty goaty
Octanoic acid	10%	fatty waxy rancid oily vegetable cheesy

가장 쏘는 듯한 냄새를 가진 지방산

프로피온산은 1847년 프랑스 화학자 뒤마(Jean-Baptiste Dumas)가 그리스어로 '첫 번째(prōtos) 지방(piōn)'이라는 의미로 붙인 이름이다. 지방산은 탄소의 수가 증가함에 따라 메탄산, 아세트산(C3), 프로피온산(C3), 뷰티르산(C4) 등이 되면서 점점 지방의 특성이 강해진다.

프로피온산의 냄새를 맡으면 아세트산(식초)이나 뷰티르산보다 훨씬 쏘는 듯한 느낌이 강하다. 물에 잘 녹으면 주로 맛 물질인데 식초처럼 분자 길이가 짧아 맛 물질인 동시에 향기 물질이다. 더구나 휘발하여 코의 후각 영역에 도달하면 점액층(수용층)에도 빠르게 녹아들어 후각 수용체에 결합하므로 코를 쏘는 듯한 느낌을 준다.

프로피온산은 중량을 기준으로 0.1~1% 수준에서 곰팡이와 일부 세균의 성장을 억제한다. 식품 보존료로 허용된 몇 가지 안 되는 보존료 중 하나이다. 하지만 사용 가능한 품목은 1)빵 및 케이크 2.5g/kg 이하, 2)자연치즈 및 가공치즈 3.0g/kg 이하, 3)잼류 1.0g/kg 이하로 제한적이다. 냄새는 쏘는 듯이 강렬하고 보존료로 사용되는 것을 보면 위험한 물질인 것 같지만 채소나 과일을 먹으면 대장에서 식이섬유를 분해할 때 가장 흔히 만들어지는 단쇄지방산의 하나이다. 장내에 유용한 기능을 한다. 대장암을 줄여 준다는 연구가 있고, 소화관 질병에 효과가 있다는 자료도 있다.

스위스 치즈의 경우 특별한 세균이 지방을 분해하면서 이산화탄소와 프로피온산 등을 만든다. 이 프로피온산이 스위스 치즈 특유의 견과류 풍미를 낸다. 스위스 치즈 무게의 1% 정도가 프로피온산이니 첨가물의 허용 기준보다 3배 이상이 천연으로 들어 있는 셈이다. 우리의 피와 땀 속에도 상당량이 들어 있다.

뷰티르산 Butyric acid

Penetrating
Rancid
Cheese
Butter
Fruit
Creamy

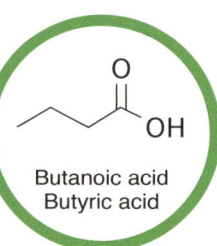

Butanoic acid
Butyric acid

| 긍정 | 치즈
요거트
발효취 |

| 부정 | 상한 음식
불쾌한 냄새
구토물 |

휘발성 산
산미료는 수용성이라 맛 성분으로 작용하지만, 분자량이 적은 분자는 휘발성이 있어 향으로 작용한다.

구분	학술명	이명	향기
SCT	1:0 Methanoic	Formic	
	2:0 Ethanoic	Acetic	식초
	3:0 Propanoic	Propionic	체취
	4:0 Butanoic	Butyric	토사물
	5:0 Pentanoic	Valeric	불쾌취
	6:0 Hexanoic	Caproic	
MCT	8:0 Octanoic	Caprylic	
	10:0 Decanoic	Capric	
	12:0 Dodecanoic	Lauric	
LCT	14:0 Tetradecanoic	Myristic	
	16:0 Hexadecanoic	Palmitic	
	18:0 Ocatadecanoic	Stearic	

누구에게는 부패취, 누구에게는 블루치즈 향

뷰티르산(Butyric acid)은 대표적인 악취 물질이다. 사람의 구토물 등에 존재하며, 과거에는 뷰티르산의 냄새를 맡으면 상한 음식이 연상되는 경우가 많았다. 그런데 최근에는 사람들에게 이 분자의 냄새를 맡게 하면 상당수가 치즈, 요구르트와 같은 긍정적인 것을 연상하는 반응을 보인다. 그러고 보면 요즘은 심하게 상하고 부패한 음식을 통해 뷰티르산을 느낄 기회가 별로 없다. 오히려 블루치즈나 요구르트 등을 통해 경험할 기회가 많다. 그래서 뷰티르산을 부패취보다 발효취로 느끼는 것 같다.

산미는 양날의 검처럼 작용하는데, 그중 특히 휘발성 산이 그렇다. 식품에서 물에 잘 녹는 성분은 주로 맛 성분으로 작용하고, 휘발성이 있고 기름에 잘 녹는 성분이 향으로 작용한다. 산미료는 물에 잘 녹아 맛 성분으로 작용하는데, 동시에 분자량이 적은 것들은 휘발성이 있어서 향으로도 작용한다. 이것을 '휘발성 산(Volatile acid)'이라고 하는데, 이들은 신맛으로도 작용하고 휘발하여 찌르는 듯한 냄새로 작용하기도 한다.

휘발성 산은 내추럴 와인 깊숙이 숨어 있던 다른 향기 성분을 끌어내 강렬하고 생동적인 경험을 만들어 주기도 한다. 식초의 초산, 발효유의 젖산, 버터의 뷰티르산, 치즈의 프로피온산(Propionic acid)이 이런 휘발성 산인데, 와인에서 휘발성 산은 90% 이상이 초산이다. 초산은 딱히 불쾌한 냄새는 아니지만 리터당 0.7g 이상이 되면 식초 느낌을 주기 시작하고, 브렛 향이 있는 경우 초산이 있으면 그 결점이 강화되기도 한다. 한편 초산 말고 다른 산은 함량이 적어 휘발성 산의 느낌을 주기 힘든데, 산보다는 에틸아세테이트가 그런 느낌을 강화할 가능성이 있다.

• 아세트알데히드 Acetaldehyde •

Pungent
Ethereal
Aldehydic
Fruity

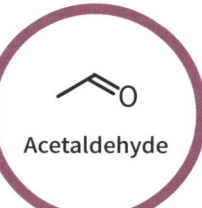

Acetaldehyde

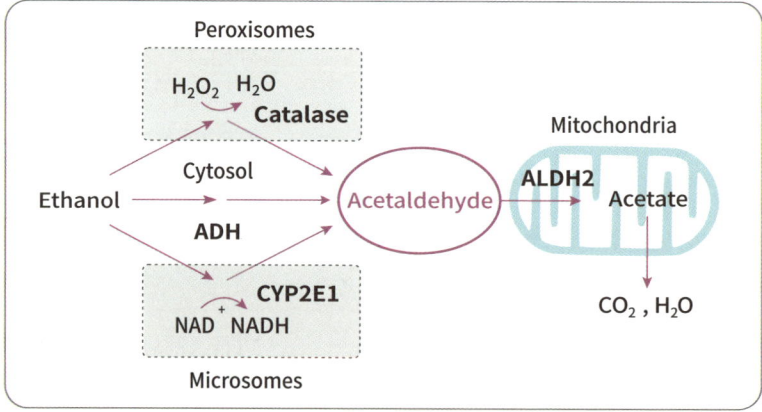

과도한 음주는 숙취를 유발한다

숙취해소 제품 대부분은 아세트알데히드를 분해하기보다는 과음 후, 컨디션 조절에 도움을 주는 것들이다.
- 간 보호
- 에너지 보충

구연산: 알코올이 빠르게 분해되도록 도움.
글루타치온: 강력한 해독 작용.

나라마다 해장음식이 다른 이유

에탄올은 빼어난 용매이자 매우 매력적인 물질이다. 뇌에서 도파민 분비를 촉진하여 탐닉에 빠지게 하는 중독의 물질이기도 하고, 긴장을 완화하고 활력을 부여하는 삶의 윤활유 역할도 한다. 이런 양면성은 분자 자체에도 똑같이 적용된다. 에탄올의 분자식은 CH_3CH_2OH인데, 왼쪽의 CH_3-은 소수성(친유성, 지용성)이고, 오른쪽의 -OH는 강한 친수성이다. 에탄올 한 분자에 친수성과 친유성이 반반씩 들어 있어 물과 너무나 쉽게 섞이고, 향기 물질이나 여러 지용성 분자를 잘 녹인다. 그래서 예전에는 25도 이상의 술에 과일이나 여러 약용작물을 넣고 유효 성분을 뽑아낸 소위 약주가 많았다. 그런데 에탄올은 뭐든 잘 녹여내어 원하지 않는 쓴맛 성분까지 녹여내는 단점도 있다. 에탄올은 크기가 작고 친유성도 있어서 지방으로 된 세포막도 쉽게 통과한다. 그래서 술은 다른 음식 성분보다 빨리 흡수되어 쉽게 취하게 된다.

고도로 농축된 에탄올은 세포막을 터뜨려 세포를 죽일 수도 있다. 에탄올을 생성하는 효모 정도나 20% 농도까지 견딜 수 있지, 나머지 대부분의 미생물은 그보다 훨씬 낮은 농도에서 사멸된다. 그래서 에탄올 함량이 높은 술은 미생물로 변질될 염려가 없다. 더구나 에탄올은 물보다 휘발성이 강하여 농축하기도 쉽다. 그래서 오래전부터 에탄올이 78℃에서 기화하는 것을 이용하여 증류주를 만들었다. 그리고 이렇게 고농도의 에탄올이 만들어지면서 향수 산업이 본격적으로 시작될 수 있었다. 에탄올은 분자량도 적고, 배출은 쉬우며, 부동액 효과도 매우 크다. -114℃가 되어야 얼기 때문에 빙점을 낮추는 효과도 탁월하다. 그래서 에탄올 함량이 높은 술은 매서운 추위에도 얼지 않는다.

에탄올은 사실 독성이 낮고, 맑고 색깔도 없는 액체다. 에탄올이 발암 물질로 꼽히는 것은 자체의 독성 때문이 아니라 알코올에서 만들어진 아세트알데히드 때문이고, 우리가 술을 마셔도 너무 많이 마셔서 그렇다. 에탄올이 아닌 다른 물질을 그렇게 마신다면 훨씬 더 심각한 문제가 생길 수밖에 없다. 에탄올은 저분자 물질치고는 맛과 향이 매우 약한 편이다. 보통의 향기 물질은 ppm 단위로도 강한 향을 낸다. 에탄올은 그보다 수만 배 향이 약하지만, 향기 물질에 비해 너무 고농도라 어쩔 수 없이 맛과 냄새가 느껴지는 것이라 볼 수 있다. 0.1% 이하가 되어야 느끼기 힘들다.

술은 에탄올의 배열에 따라 맛이 달라질 수 있다. 15% 이상에서는 물에 에탄올이 녹은 형태이고, 57% 이상에서는 에탄올에 물이 녹은 형태이며, 그 중간은 복잡한 형태를 가진다. 에탄올이 소수성 부위가 얼마나 안쪽에 모이고 친수성 부위가 얼마나 바깥쪽으로 배열된 구조를 갖느냐에 따라 같은 양이어도 입안에서 느껴지는 쓴맛이 달라진다.

숙취의 주원인 물질도 아세트알데히드이다. 술은 우리 몸 안에서 알코올 분해 효소에 의해 아세트알데히드로 변하고, 이는 구토·과호흡·기면·혈관 확장·잦은 맥박·저혈압 같은 숙취 증상을 일으킨다. 지나치면 간세포와 뇌세포에 손상을 입힌다. 따라서 숙취 해소의 기본 목표는 아세트알데히드를 빠르게 제거하는 것이다. 드링크류나 환 형태 등으로 편의점·약국에서 판매되는 숙취해소 제품 대부분은 아세트알데히드를 분해하기보다는 과음 후 컨디션을 조절하는 데 도움을 주는 것들이다. 헛개나무, 칡, 인삼, 홍삼, 오가피 등 숙취해소제의 주재료는 간을 보호하는 데 도움을 주는 성분이다. 또 당분을 포함하여 알코올 해독 과정에 사용되는 에너지를 보충하는 경우도 많다. 약국에서 판매되는 숙취해소제 대다수는 간 기능 보조제 내지 간 보호제로 인정받은 것들로 간의 요소(Urea)회로와 관련 있다.

간에서는 단백질의 대사산물로 독소 성분인 암모니아가 생성된다. 이 암모니아를 독성이 없는 형태인 요소라는 물질로 만들어서 소변이나 담즙을 통해 배출시킨다. 요소회로가 잘 작동해야 독성물질을 제거하고 에너지 생성도 잘 되는 것이다. 간 보호 제품의 주요 성분은 요소회로를 잘 작동하게 하는 아르기닌, 시트르산 등이다. 아르기닌은 요소회로에 필수 성분이다. 또 혈관 확장을 통해 혈액순환에 도움을 주면서 산소 공급을 돕고, 근육량 증가와 지방 분해에도 도움을 준다. 그러면서 피로와 통증을 유발하는 젖산 축적은 억제해준다. 시트르산(구연산) 성분은 알코올 대사 과정에 작용해 알코올이 빠르게 분해되도록 도와주고, 에너지 생성도 돕는다.

베타인은 간에 지방이 쌓이는 것을 막아준다. 간에서의 지방 분해를 촉진하고 담즙을 통해 노폐물과 지방을 배출시켜 준다. 이 밖에 간세포 보호와 재생에 도움이 되는 성분으로는 밀크씨슬과 글루타치온이 있다. 밀크씨슬의 유효 성분인 실리마린은 독성물질이나 활성산소로부터 간세포 보호, 간세포 재생 촉진, 간의 해독 기능 보조, 간세포 내 글루타치온 증가와 같은 역할을 한다. 글루타치온은 항산화제로 활성산소를 제거하고 독소와 결합해 독소나 약물을 배출하기 쉬운 물질로 바꾸는 데 도움을 준다. 결국 숙취로 인해 생기는 증상을 일부 완화하는 대증요법에 가깝다고 보는 것이 적절하다.

디아세틸 Diacetyl

**Strong
Butter
Sweet
Creamy
Pungent
Caramel**

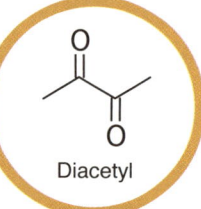

Diacetyl

디아세틸은 발효의 지표 물질

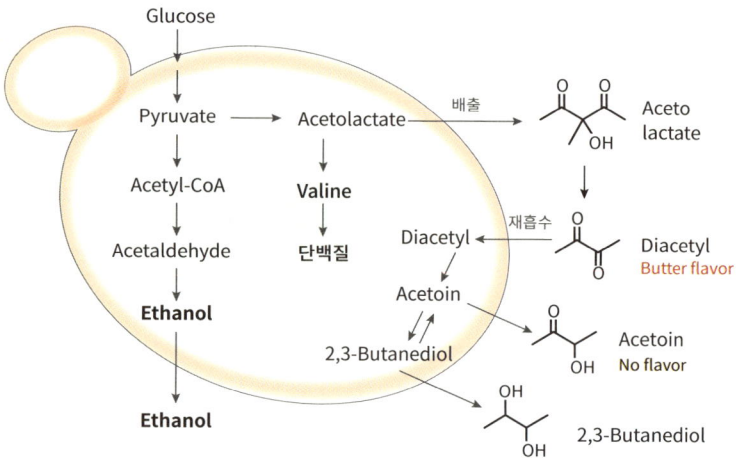

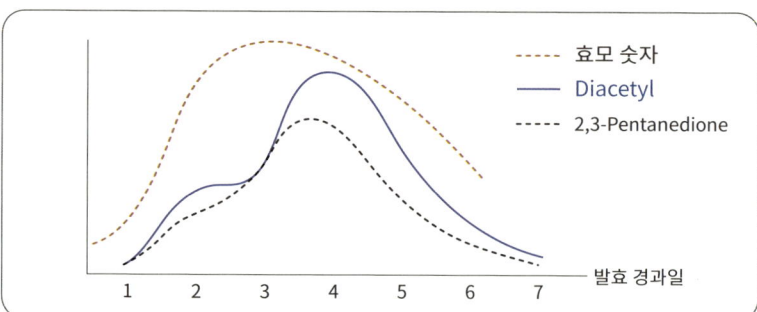

---- 효모 숫자
—— Diacetyl
---- 2,3-Pentanedione

발효 경과일

맥주 발효의 지표 물질

디아세틸은 모든 효모의 발효 과정에서 자연적으로 생성되는 물질로서 피루브산으로부터 발린(아미노산)을 합성하는 과정에서 만들어지는 아세토아세테이트(2-Acetolactate)가 세포 밖으로 배출되면서 만들어진다. 발효 초기 효모의 성장에 필요해 발린을 합성하는 과정에서 과잉의 아세토아세테이트가 배출되고, 아세토아세테이트는 온도와 pH에 따라 자동으로 디아세틸이 된다. 이렇게 생성된 디아세틸은 다시 효모가 재흡수하여 아세토인(Acetoin)을 거쳐 2,3-부탄디올(2,3-Butandiol)로 전환된다. 맥주에 디아세틸의 농도가 높을 경우 버터, 버터 스카치 또는 산패한 버터, 미끈한 질감이 나타난다. IPA 맥주의 경우 저농도의 디아세틸은 바람직한 향이지만, 대부분의 맥주에서는 원치 않는 향으로 작용한다. 그래서 디아세틸은 맥주 숙성의 지표로 사용하여 농도가 0.1mg/L 이하가 되면 발효를 마친다. 그 정도면 다른 발효 부산물(아세트알데히드, SO_2 등)의 농도도 낮아진 것으로 판단한다.

2007년 미국의 한 팝콘 마니아가 기관지 폐색증 진단을 받은 이후 디아세틸의 안전성에 대한 논란이 일었다. 하지만 디아세틸은 정말 다양한 식품에 천연적으로 조금씩이라도 함유되어 있고, 향료 물질로 정식 허용된 물질이다. 소량의 디아세틸도 문제라면 팝콘 외에도 버터, 맥주 등 수많은 식품도 위험해야 맞을 것이다. 소량이면 걱정할 이유가 없다.

맥주는 발효하면서 디아세틸뿐 아니라 다른 향기 물질이나 퓨젤 알코올 같은 부산물을 만들어 낸다. 퓨젤 알코올 중에 맥주의 전반적인 풍미에 영향을 주는 향기 물질로는 2-Methylpropanol, 2-Methylbutanol, 3-Methylbutanol, 2-Phenylethanol 등이 있다. 이들은 유기산과 반응하여 에스터류의 향기 물질이 되기도 한다.

이소발레르알데히드 Isovaleraldehyde

Fruity
Dry
Green
Chocolate
Cocoa
Buttery
Leafy

가지 구조를 가진 분자의 냄새가 독특한 이유

단백질(아미노산)이 분해되면 여러 가지 알데히드, 유기산, 알코올이 만들어지는데 류신, 이소류신, 발린 같은 분지형 아미노산은 독특한 가지 구조를 가져서 향이 독특하고 역치도 낮아서 양에 비해 강력한 역할을 하는 경우가 많다. 그중 류신에서 유래한 것이 특히 중요한 역할을 하는데, 3-메틸부탄알(이소발레르알데히드), 3-메틸부탄산(이소발레르산) 등이 그것이다.

이소발레르산은 다른 저분자량 카르복실산과 마찬가지로 불쾌한 냄새가 나는데, 자연적으로 발생하여 치즈, 두유, 사과 주스 등 많은 식품에 존재한다. 피부에서는 류신을 대사하는 세균에 의해 생성되기 때문에 심한 발 냄새의 원인의 원인이 된다. 발 냄새가 심한 사람을 보고 흔히 "청국장 냄새가 난다"라고 하는데, 청국장의 강렬한 냄새에도 이소발레르산과 이소부티르산이 큰 역할을 한다. 와인에서 브레타노미세스(Brettanomyces: 효모, 브렛)가 생산하는 4-에틸페놀, 4-비닐페놀, 4-에틸과이아콜과 함께 과도한 이소발레르산은 결함(이취)으로 간주되지만 미량은 특징이 된다.

이소발레르알데히드는 매우 자극적이고 기침도 유발하지만, 많이 희석하면 코코아(초콜릿)의 특징이 되고 간장, 짜장, 표고버섯 등의 풍미도 된다. 그리고 이소아밀알코올로 전환된 뒤 에스터화하면 이소아밀아세테이트가 되어 달콤한 바나나 향의 주 향기 물질이 된다.

트랜스-2-헥산알 2E-Hexenal

Grass
Sweet
Green
Leafy
Apple
Vegetable

2E-Hexenal
(Leaf aldehyde)

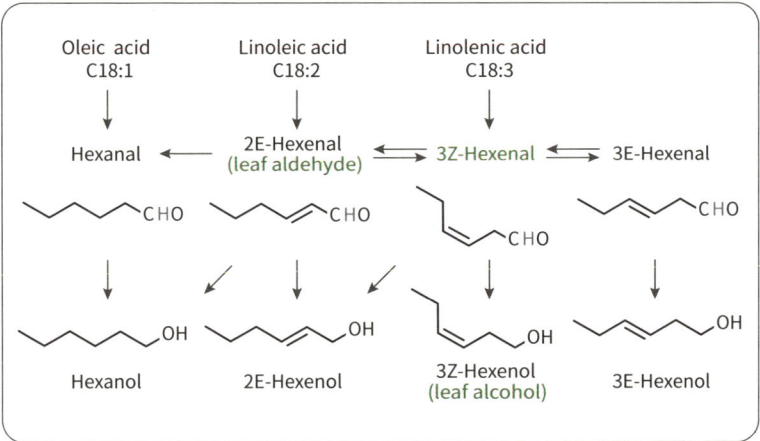

풀냄새, 신선함 or 풋내, 비린내

금방 깎은 잔디는 강한 풀냄새가 지면 가까이 잔뜩 농축되어 있다. 대부분 식물이 그렇듯이, 풀잎은 냄새를 수단으로 서로 소통한다. 동물과 달리 식물은 한 장소에 뿌리를 박고 살아간다. 천적이 다가와도 도망칠 수 없다. 그래서 냄새로 천적을 피하고 서로에게 경고를 보내는 것이다. 천적의 공격을 받은 식물은 휘발성 화합물을 방출해 주변의 다른 식물에게 눈 앞에 닥친 위험에 대한 경고를 보낸다. 경고를 받은 식물들은 재빨리 자기 몸의 일부에서 영양소를 빼돌리거나 자신을 덜 맛있게 만들어서 천적이 흥미를 잃게 하거나 입게 될지도 모를 상처를 치료할 준비를 미리 해둔다. 한 식물의 일부에서 다른 일부를 향해 공격자가 다가오고 있음을 경고하기까지 하면서 자기 몸을 향해 다가오는 곤충을 향해 후각 신호를 보낸다. "내 적(敵)의 적은 친구다!"라는 논리다.

식물에 상처가 나면 리폭시게나제라는 효소가 활성화되고 지방산이 분해되어 Z-3-헥산알이 분비된다. 하지만 Z-3-헥산알은 완벽한 상태로 오래 머물지 않고, 다른 풀냄새가 나는 분자로 살짝 형태가 바뀐다. 식물은 땅속 깊은 곳에서도 분자로 소통한다. 식물의 뿌리는 아주 넓은 영역에 걸쳐서 '곰팡이 네트워크'로 서로 조밀하게 연결되어 있다. 이 네트워크를 '우드 와이드 웹(Wood Wide Web)'이라고 한다. 단단하고 얽히고설켜 있는 이 네트워크를 통해 식물들은 자손이나 이웃과 영양분을 공유하고, 위기가 다가오면 경고를 보내거나 심지어는 경쟁자를 방해하기까지 한다. 이 모두가 화학적 신호를 통해서 이루어지는데, 오직 나무와 식물만이 그 신호를 주고받을 수 있다. 식물은 이처럼 언제나 다른 식물과 보이지 않는 신호를 주고받는다. 잔디에게 그 냄새는 긴급 신호, SOS와 마찬가지다.

시스-6-노네놀 cis-6-Nonenol

Fresh
Green
Melon
Waxy
Honeydew
Cantaloupe
Cucumber

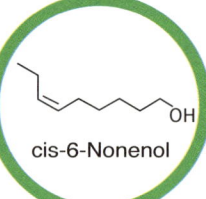
cis-6-Nonenol

Green
Sweet
Oily
Melon
Watermelon
Floral
Ozone

2,6-Dimethyl-5-heptenal
Meronal

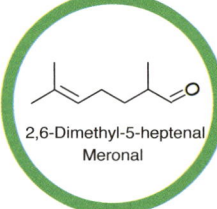

오이의 향의 주성분은 노나디엔알과 노나디에놀

E,Z-2,6-nonadienal   E,Z-2,6-nonadienol

오이 쓴맛의 정체는
쿠쿠르비타신(Cucurbitacin).

사람의 염색체 7번에는 특정 유전자(TAS2R38)가 존재한다.
이 유전자가 PAV형인 사람이 AVI형인 사람에 비해 쓴맛에 100~1000배 민감하다.

오이를 싫어하는 이유가 꼭 향 때문일까?

사람들이 오이를 싫어하는 이유는 두 가지이다. 먼저 쓴맛이다. 오이를 비롯해 참외, 수박 등 박과 식물은 대체로 양쪽 꼭지 주위에서 쓴맛이 난다. 해충이나 초식동물로부터 자신을 보호하기 위한 쿠쿠르비타신이라는 물질이 들어 있기 때문이다. 누군가 유난히 오이를 싫어한다면 쓴맛에 예민한 사람일 수 있다. 염색체 7번에는 특정 유전자(TAS2R38)가 존재하는데, 이 유전자는 쓴맛에 민감한 PAV형(프롤린-알라닌-발린)과 둔감한 AVI형(알라닌-발린-이소류신)으로 나뉜다. PAV형을 가진 사람은 AVI형보다 100~1,000배 정도 쓴맛을 더 민감하게 느끼는 것으로 알려져 있다. 부모 모두에게 PAV형을 물려받았다면 쓴맛을 매우 예민하게 느껴 오이를 싫어할 가능성이 크다.

두 번째는 향이다. 오이 향의 주성분은 알코올의 일종인 노나디에놀과 노나디엔알이다. 오이 향을 싫어하는 사람은 이 분자들을 감각하는 수용체가 유난히 발달했을 수 있다. 수용체가 많으면 향을 잘 맡을 수 있다는 긍정적 의미와 과도하게 민감하다는 부정적 의미를 같이 가지고 있기 때문이다. 오이 향의 수용체가 무엇인지는 아직 밝혀지지 않았지만, 수퇘지의 페로몬인 안드로스테논을 감지하는 수용체는 밝혀졌다. 향기 수용체 OR7D4가 그 역할을 하는데, 이 수용체 단백질의 88번째 아미노산이 아르기닌(R)이냐, 트립토판(W)이냐에 따라 느끼는 향이 달라진다. RR형은 수퇘지 고기를 역겹다고 느끼지만, WW형은 냄새를 못 느끼거나 향기롭다고 느낀다.

재스민 cis-Jasmone

**Floral
Green
Jasmine
Warm**

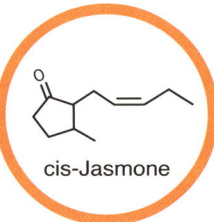

cis-Jasmone

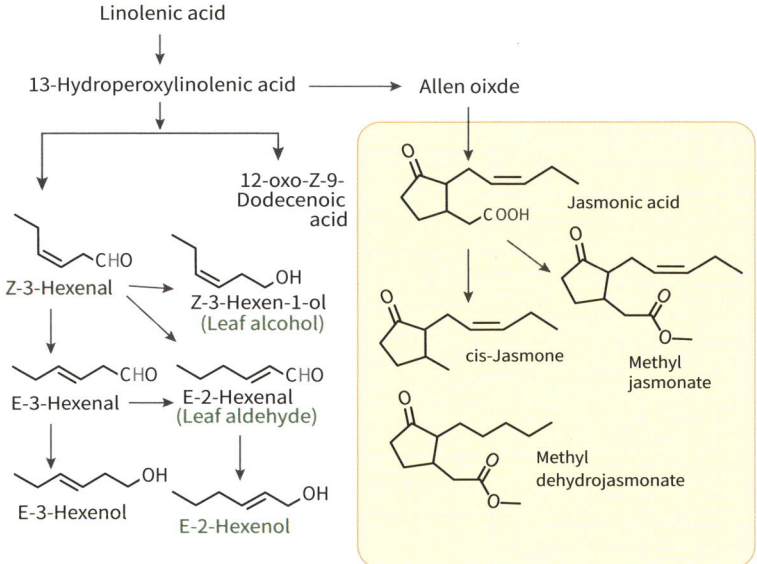

꽃에서 시작된 현대의 향수

재스민은 인도 히말라야의 낮은 골짜기에서 유래했다고 알려지고 있으며, 17세기 중엽부터 지중해 연안에 널리 퍼지게 되었다. 재스민은 하얀 꽃이 피고 줄기가 기어 올라가며 덩굴을 이루는데, 그 꽃을 보기는 쉽지 않다. 인도 사람들은 재스민을 '숲의 달빛'이라고 부른다. 마치 비밀을 들키지 않으려는 듯, 밤에만 꽃이 피어 어둠 속에서 향기를 퍼뜨리기 때문이다. 그래서 재스민을 수확하려면 아침 일찍 일어나야 한다. 꽃이 아직 피어 있고 향유 성분이 최고조에 올라 있는 이른 아침에 사람 손으로 일일이 꽃봉오리를 따 모아야 한다. 시간이 지나면 태양열에 의해 향을 잃어버린다.

약 800만 개의 재스민 꽃에서(무게 약 1,000kg) 2~3kg의 콘크리트를 얻고, 이로부터 약 1kg의 앱솔루트가 만들어진다. 일반적으로 향수를 만들기 위해 사용되는 꽃향기 추출법은 증류법이다. 기원전 3500년에도 증류법이 쓰였을 정도다. 하지만 재스민처럼 예민한 꽃을 증류하면 향기 분자가 파괴되기 쉽다. 그래서 재스민은 증류법 대신 냉침법이 사용된다. 먼저 냄새가 나지 않고 증발하지 않는 돼지기름, 쇠기름 같은 지방을 준비한다. 나무틀에 고정된 유리판 위에 준비된 지방을 발라준 후 꽃송이를 그 위에 뿌리고 압착한다. 그러면 재스민에서 나온 향유가 천천히 지방 속으로 스며든다. 재스민은 꽃송이를 딴 후에도 효소에 의해 향이 계속 생산되므로 냉침법이 잘 맞는다. 현대에 들어서는 더 경제적인 추출법으로 바뀌었다. 재스민 추출물(Absolute)은 약한 이국적인 꽃향기의 특성이 있는 고급 향수의 매우 중요한 구성성분이다.

이런 재스민의 대체품으로 헤디온(Hedione)이라 불리는 디히드로자스모네이트(Dihydrojasmonates)가 개발되었다. 1958년 스위스의 향료회사인 퍼메니시의 화학자들이 개발한 헤디온은 자연에는 존재하지 않는 구조임에도 재스민이 연상되는 고급스러운 꽃향기가 난다. 그래서 분자 이름에

'쾌락'을 뜻하는 그리스어 '헤돈'이 들어간다. 이런 헤디온은 오늘날 여성용 향수와 화장품 향료에 약방의 감초처럼 쓰이고 있다.

조향사들이 재스민을 좋아하는 데는 여러 가지 이유가 있다. 그 자체만으로도 향수라고 할 수 있을 정도로 복잡하면서도 균형이 잡혀 있으며, 다른 향들과 조합하면 상승작용을 일으킨다. 그리고 톱 노트에 비해 상대적으로 오래 지속된다. 또한 재스민 향기는 좋은 냄새와 나쁜 냄새를 특이한 방식으로 결합한다. 향을 잘 맡아보면, 따뜻한 꿀 같은 달콤함에 배설물과 부패물의 냄새가 있는 듯 없는 듯 살짝 얹혀 있다. 고도로 농축된 인돌(Indole)과 크레솔 분자 때문이다.

재스민 추출물에 들어 있는 200여 가지 물질 중에서 재스민 향을 내는 주된 물질인 시스재스몬(cis-Jasmone)과 메틸시스재스모네이트(Methyl cis-jasmonate) 등을 적절히 조합하면 조합 향이 되지만, 그렇다고 천연 재스민과 똑같지는 않다. 천연 재스민을 똑같이 재현하는 것은 이론상으로는 가능하지만, 아주 극소량 존재하는 것까지 천연과 똑같이 재현하려면 천연 향보다 오히려 더 많은 비용이 들 수 있다. 천연 재스민 향은 kg당 5,000달러 이상이고, 합성한 디하이드로재스몬은 50달러도 채 안 된다. 이런 몇 가지 원료로 그 특징만 재현해야 가성비가 높다. 그리고 가격의 차이만큼 품질의 차이가 크지도 않다. 향기 물질의 가격은 생산 규모에 따라 크게 달라지는데, 천연 재스민 향은 연간 수십 톤밖에 생산되지 않지만, 조합한 재스민 향은 연간 10,000톤 이상 생산되고 있다.

옥텐올 1-Octen-3-ol

Mushroom
Earthy
Fungal
Green
Oily
Vegetative
Umami
brothy

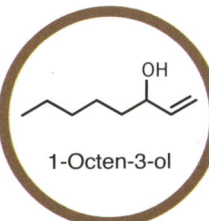

1-Octen-3-ol

2,4-Dithiapentane
Truffle

Arachidonic acid

1-Octen-3-ol
역치 2μg

1-Octen-3-one
0.003μg

Octan-3-one
28μg

Octanol

3-Octanol

Octanal
0.7μg

신선한 송이버섯 vs 썩은 곰팡이, 극단적인 호불호

옥텐올은 1937년 버섯에서 발견된 이후, 1950년대에 들어서면서 조향사들이 활용하기 시작했다. 버섯은 균류(곰팡이) 중에서 눈으로 식별할 수 있는 크기의 자실체를 형성하는 것의 총칭이다. 흔히 우산 모양의 눈에 띄는 부분이 버섯이라고 생각하지만, 그것은 눈에 보이지 않게 가늘게 연결된 전체 버섯의 정말 극히 일부가 번식을 위해 형태를 만든 것에 불과하다. 그래서 세계에서 가장 큰 생물은 코끼리도, 고래도, 나무도 아닌 곰팡이다. 뽕나무버섯속의 꿀버섯(Armillaria ostoyae)은 가로 500m, 세로 800m인 것도 있는데, 35ha의 넓은 지역에 몸체를 펼치고 극히 일부만 노출되어 있다. 미국 오리건주 맬휴어 국립산림지대에는 하나의 버섯이 890ha에 걸쳐 펼쳐져 있는 것도 발견되었다. 그러니 버섯이 난 곳이라면 그 주변은 이미 균사가 점령하고 있다는 뜻이라 언제 어디서든 자실체가 돋아날 수 있다.

버섯은 식물보다는 동물에 가깝고 분해자, 공생자, 기생자로 분류할 수 있다. 사찰에서는 육식을 금하기 때문에 버섯을 두부와 함께 고기 대체품으로 애용한다. 버섯은 단백질이 부족하지만, 식감은 고기와 비슷하다. 식물의 골격이 포도당으로 만들어진 셀룰로스라면 버섯의 세포벽은 게나 새우 등의 껍질에 있는 키틴질로 되어 있다. 키틴은 물에 잘 녹지 않고 셀룰로스보다 안정적이다.

보통 식재료를 가열하면 물성이 변하는데, 채소는 물러지고 고기는 단단해진다. 하지만 버섯은 키틴질로 되어 있어 오랫동안 가열해도 식감이 변하지 않는다. 그래서 채식주의자들이 고기 대용으로 버섯을 많이 찾는다. 식감이 그나마 고기와 유사하고 단백질도 소량 있기 때문이다. 그리고 버섯에는 비타민 D도 제법 있다. 비타민 D는 콜레스테롤에서 유래한 것이고 식물은 콜레스테롤 대신 카로티노이드를 합성하기 때문에 거의 없는데, 버섯은 식물보다는 동물에 가까워 비타민 D의 전구물질인 에르고스테롤이

C-8 분자	향기
Octanol	Waxy, Green, Orange peel, Mushroom
Octanal	Waxy, Citrus
Octanone	Green, Fruity, Musty
Oct-1-en-3-ol	Mushroom, Fatty, Earthy, Green
Oct-2-enol	Fatty, Citrus peel
Octenal	Fatty, Green, Citrus peel
Octenone	Metallic, Blood, Mushroom, Earthy
Octadienol	Fatty, Chicken broth

많이 존재하며 자외선에 노출되면 비타민 D로 전환된다. 그러니 햇빛에 건조한 버섯에 생 버섯보다 훨씬 많은 비타민 D가 포함되어 있다.

　버섯은 고유의 풍미가 있고, 포만감 대비 칼로리가 낮아 다이어트 식품으로 좋고 향신료로도 좋다. 반찬으로는 양송이, 새송이, 표고, 목이 등이 유명하며, 향신료 목적으로는 송이, 트러플이 유명하다. 이런 버섯은 옥텐올이 향을 내는데, 그중 특히 1-옥텐-3-올이 대표적으로 송이 버섯의 향을 내는 물질이고, 황을 두 개 포함한 싸이오에스터(2,4-Dithiapentane)는 송로버섯 특유의 향을 낸다.

데칸알 Decanal

Powerful
Penetrating
Coriander
Orange
Sweet
Waxy
Floral
Aldehydic

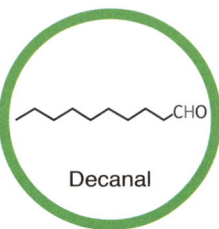

Coriander	고수의 씨앗
Cilantro	고수의 잎
Rau mùi	베트남어
香菜(xiāngcài)	중국어

Decanal (19.1%)
trans-2-Decenal (17.5%)
2-Decen-1-ol (12.3%)
Cyclodecane (12.2%)
cis-2-Dodecena (10.7%)
Dodecanal (4.1%)
Dodecan-1-ol (3.1%)

후각수용체 OR6A2 유전자의 돌연변이가 있는 사람들은 고수에서 세제 향, 비누 향, 노린재 향을 맡을 확률이 높다.

제발 고수만은 빼주세요!

데칸알은 지방족 알데히드 중에서도 흔한 것으로 고수 향이 강하게 나지만 아주 적은 농도로 희석해서 사용하면 오렌지 등 시트러스류의 과즙감을 높여준다.

성분	향기
Decanal	Sweet, Citrus peel, Floral
Decenal	Fatty, Cilantro
Decadienal	Deep-frying, Cooked chicken
Decatrienal	Seaweedy, Painty

고수 또는 코리앤더는 미나리목(산형목) 미나리과(산형과) 고수속 한해살이풀로 키가 30~60cm까지 자라고, 6~7월쯤에 하얀 꽃이 피며, 9~10월쯤에 열매를 맺는다. 꽃은 다른 미나리과 식물과 비슷하다.

원산지는 동부 지중해 연안으로 그 역사가 매우 깊다. 고전 그리스어로는 Koriannon. 이것이 로마에 전해져서 라틴어로 Coriandrum이 되었으며, 여러 유럽어에서는 대부분 라틴어 명칭에서 단어를 가져갔다. 스페인어로는 실란트로(Cilantro)라고 부르는데, 이 단어가 북미에 전해져서 고수의 잎을 가리키는 말로 의미가 살짝 바뀌었다. 물론 실란트로도 라틴어 단어에서 유래했다. 미국에서 말린 고수 씨앗은 코리앤더 씨드라고 하지만, 고수 잎은 스페인어인 실란트로라고 부른다.

한국은 고수를 싫어하는 사람이 더 많다. 그 이질적인 향미 때문에 매우 낯설고 적응하기 힘들지만, 사실 이미 고려시대에 전래되었을 것으로 추정된다. '고수'니 '빈대풀'이니 하는 우리말 이름이 옛부터 전해지는 것도 바로 이 때문이다. 하지만 벌레인 빈대의 이름이 붙었을 만큼 한민족에게 별로 환영받지 못했다. 그래서 경기도 북부, 충청남도, 전라북도, 황해도 지역에서나 먹는 정도다. 반면 북한 요리에 가까운 조선족 요리에서는 깻잎이나 방앗잎처럼 온갖 음식에 쓰인다. 국이나 탕, 국수에 넣어 먹기도 하고, 볶음에 넣기도 하고, 김치나 나물무침에 넣거나 쌈에 넣어 먹기도 한다.

고수에서 퐁퐁 맛이나 비누 맛이 난다고 싫어하는 사람들이 많이 있는데, 전체 인구의 4~10% 정도가 알데히드 화학 물질의 향을 감지할 수 있어 고수에서 비누 맛이나 세제 맛을 느낀다고 한다. 물론 이런 사람 중에도 고수를 좋아하는 이가 있다. 서양에서도 일부 사람들이 꾸준히 비누나 세제에 빗대어 표현하며 싫어하는데, 그 과학적인 메커니즘이 2012년 연구로 어느 정도 밝혀졌다. OR6A2라고 명명된 유전자가 특정한 후각 수용체 돌연변이를 일으키는데, 이 돌연변이가 있는 사람들은 고수에서 세제 향, 비누 향, 또는 노린재 향 등 역한 냄새를 맡을 확률이 높다는 사실이 밝혀진 것이다. 이 때문에 일부 사람들은 식문화의 차이를 제외하더라도 한국인의 체취 유전자 보유량이 전 세계에서 가장 낮다는 점과 고수를 기피하는 것 사이에 모종의 상관관계가 있는 건 아닌지 의심하기도 한다. 체취 유전자가 없다시피 하면 역으로 고수의 향을 역하게 느끼는 유전적 체질이 되는 게 아니냐는 것이다.

고수가 가장 위력을 발휘하는 때는 바로 기름기 많은 음식을 먹을 때이다. 지도상으로 보면 고수를 많이 먹는 나라들은 대부분 위도가 낮은 열대기후에 위치해있다. 당연히 이런 나라들은 식중독의 위험이 크니 조리 과정에서 자동적으로 살균이 되는 튀김, 볶음 문화가 발달했다. 고수는 이런 튀기고 볶아서 기름이 흥건해지는 음식의 맛을 잡아주는 데 탁월하다. 또한 특유의 강렬한 향은 돼지고기 같은 일부 식재의 잡내를 잡는 데도 탁월하다.

» 화려하고 변화무쌍한 알데히드

알데히드류는 대체로 화려한 편이고 자주 두 얼굴을 보여주기도 한다. 일반적으로 알데히드류가 알코올류보다 강한 향취를 가진다. 알데히드 중에 두 개의 이중 결합을 가진 것은 특히 냄새 역치가 낮은 편이다. 사슬 길이가 C6 이상으로 증가하면서 알데히드는 이중적인 특성이 증가하여 농도에 따라 과일, 꽃, 지방의 느낌을 동시에 가진다. C7부터 지방 느낌이 증가하기 시작하고, 체인이 길어질수록 지방 느낌이 점점 확실해진다. C4, C5는 버터 향이 나고, C8, C12는 꽃 향과 버터 향을 가지다가 C16에서 무취가 된다.

탄소 수		향기
C1	Methanal/Formaldehyde	Pungent
C2	Ethanal/Acetaldehyde	Fruity
C3	Propanal	Alcohol smell
C4	Butanal/Butyraldehyde	Fruity, Sweet
C5	Pentanal	Chocolate, Nutty
C6	Hexanal	Fatty green, Grassy
	cis-3-Hexenal trans-2-Hexenal	Green leaf Green grassy
C7	Heptanal	Fruity, Nutty, Fatty
C8	Octanal	Sweet, Citrus, Orange
C9	Nonanal	Floral, Rose, Citrus
	2,6-Nonadienal	Cucumber, Melon
C10	Decanal	Citrus peel, Strong orange
C11	Undecylenic, 10-Undecanal	Coriander
C11	Undecylic. Undecanal	Fatty herbaceous, Citrus
C12	Dodecanal	Lilac, Violet

(기타: Benzaldehyde, Cinnamaldehyde, vanillin, furfural)

데카디에날 2,4-Decadienal

Very powerful
Fatty
Orange-like
Sweet
Fresh and citrusy

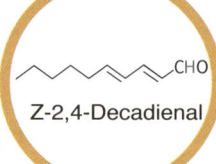

Z-2,4-Decadienal

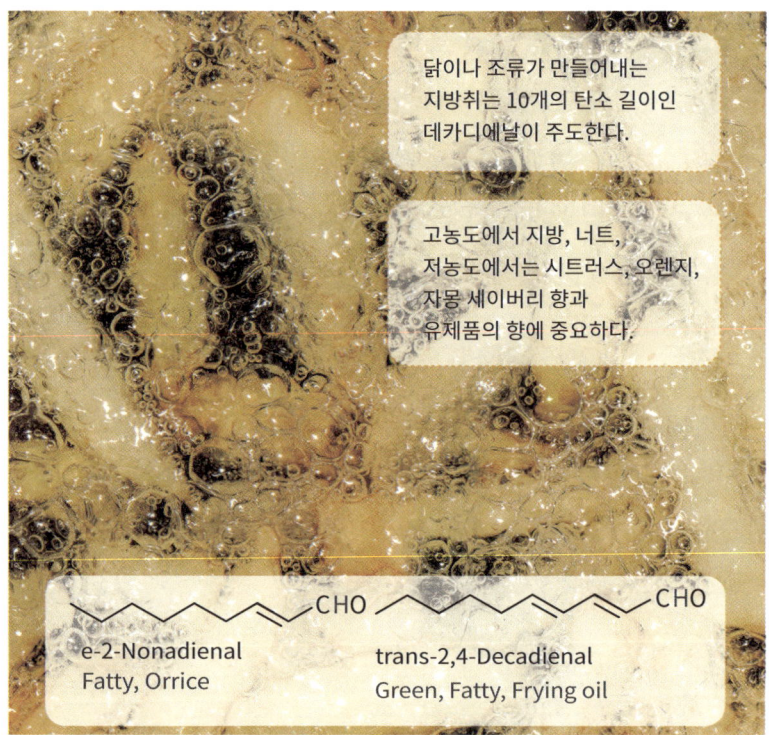

닭이나 조류가 만들어내는 지방취는 10개의 탄소 길이인 데카디에날이 주도한다.

고농도에서 지방, 너트, 저농도에서는 시트러스, 오렌지, 자몽 세이버리 향과 유제품의 향에 중요하다.

e-2-Nonadienal
Fatty, Orrice

trans-2,4-Decadienal
Green, Fatty, Frying oil

고기 냄새와 이취의 경계는?

데카디에날은 보통 버터, 조리된 쇠고기, 생선, 감자칩, 볶은 땅콩, 빵 껍질 등의 향이라고 하는데, 따로 맡을 때는 지방의 느낌(10ppm에서는 치킨 향), 너트(땅콩, 땅콩버터) 느낌이 나고, 아주 저농도에서는 시트러스, 오렌지, 자몽 느낌이 난다. 세이버리 향과 유제품의 향에도 중요하다. 콩기름, 쇠고기, 닭고기, 토마토 등에서 기름진 풍미를 주지만, 다른 지방산의 알데히드류는 불쾌한 산패취로 작용하는 경우가 많다.

기름의 끓는 온도는 물에 비해 높기 때문에 170℃ 정도가 되면 물이 순식간에 기화되어 빠져나가고, 그 과정에서 부피가 급격하게 팽창하면서 바삭한 조직이 만들어진다. 튀김의 매력은 고소한 특유의 향이 기여하는 정도가 크다. 음식을 튀기면 고온에서 특유의 향이 만들어진다. 조리 음식의 가장 공통적인 향은 지방으로부터 온다. 지방은 세포벽을 유지하기 위한 필수 요소이기 때문에 식물이라 할지라도 지방이 존재한다. 닭 같은 조류가 만드는 지방취는 탄소 길이가 10개인 데카디에날이 주도한다. 동물의 젖과 고기의 지방에서 락톤류가 생기는데, 이것은 코코넛과 핵과에서 달콤하고 크리미함을 부여한다. 데카디에날도 과도한 경우 이취로 작용하는데, 술에서는 이를 마분지취로 평가한다.

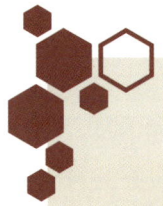

알아두면 좋은 향기 물질

4

에스터와 락톤

1	터펜계 향기 물질
2	방향족 향기 물질
3	카보닐 향기 물질
4	**에스터와 락톤**
5	가열로 만들어진 향
6	황화합물
7	질소 화합물

향에서 에스터 물질이 가장 흔한 이유

에스터는 유기산과 알코올(Alcohol)의 탈수 결합으로 만들어진다. 자연에 많이 존재하며 대부분 무색의 액체로써 휘발성이 있고 향기가 나는 경우가 많다. 유기산과 알코올은 친수성이라 맛 성분으로 작용하기 쉬운데 탈수가 일어나면서 지용성에 가까워져 향으로 작용하는 것이다. 쉽게 다량으로 만들어지는 에틸아세테이트와 메틸아세테이트는 중요한 용매로 쓰이고, 사과, 파인애플, 딸기, 포도 같은 과일에서 중요한 향기 물질로 작용한다.

향기 물질의 종류는 에스터류가 가장 많다. 다른 분자는 효소에 의해 단계적 전환으로 만들어지기 때문에 변신에 한계가 있지만, 에스터는 10가지 유기산과 10가지 알코올이 결합하면 100종류의 에스터가 되고, 20종의 유기산과 20종의 알코올이 있다면 400종의 향기 물질이 되기 때문이다.

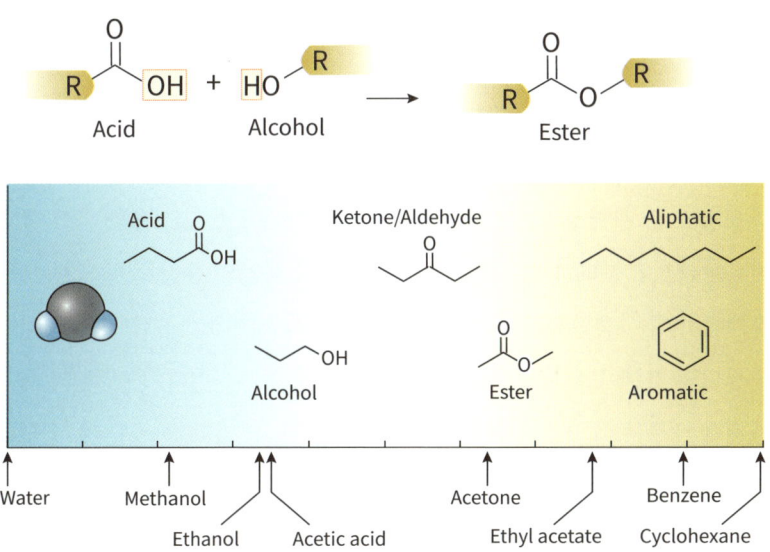

에스터 물질을 알려면 유기산과 알코올류를 알아야 하는데, 이것과 가장 관련 깊은 것은 에너지 대사이다. 신맛은 맛의 바탕을 이루는 오미 중 하나이고, 식초는 기원전부터 사용된 역사 깊은 조미료이다. 하지만 최근까지도 신맛은 단맛, 짠맛, 감칠맛에 밀려 별로 주목받지 못했다. 우리는 왜 신맛을 느끼는 것일까? 맛 물질 중에는 신맛 물질이 가장 다양한 편이다. 초산(식초), 젖산, 구연산, 사과산, 주석산, 석신산(호박산), 푸말산 등이 있다. 그리고 사용량도 많다. 식품첨가물 중에 가장 많은 양이 사용되는 것이 산과 알칼리제이고, 화학 등 산업용으로 가장 많이 사용되는 것도 산이다.

이처럼 식품과 산업에 매우 중요한 위치를 차지하는 산과 알칼리 물질이지만 사람들은 그 중요성에 대해 별 관심이 없다. 미생물 생존의 기본조건은 물, 영양분, 온도, pH이다. 세균의 생존에 절대적인 조건의 하나인 것이다. 세균뿐 아니라 우리 몸도 정해진 pH를 유지하는 것이 생명에 절대적으로 중요하다. 혈액도 pH 7.35에서 0.2만 바뀌어도 큰 문제가 된다. 이런 pH는 식품의 보존성뿐 아니라 용해도와 식품의 물성에도 큰 영향을 미친다.

하지만 이런 산미료(유기산)의 모든 기능과 역할을 합한다 해도 우리 몸 안에서 하는 일에 비하면 약소하다. 사실 이산화탄소와 물을 이용해 포도당을 만드는 광합성의 중간 대사 물질이 유기산이고, 포도당을 다시 물과 이산화탄소로 분해하면서 에너지를 얻는 대사 과정의 중간 물질 또한 모두 유기산이다. 그뿐만 아니라 단백질을 구성하는 아미노산을 만드는 과정의 물질도 유기산이고 지방을 구성하는 지방산도 유기산이다. 우리 몸의 대사 자체가 대부분 유기산 형태로 이루어진다고 할 수 있다. 하지만 우리 몸의 유기산 양은 일정하게 낮은 수준을 유지한다. 적게 만들어져서가 아니고 만들자마자 계속 다른 물질로 전환되기 때문이다. 만약 대사 과정에서 만들어진 유기산이 사용되지 않고 계속 누적된다면 우리 몸에 압도적으로 많은 양이 존재할 것이다. 그러니 신맛(수소이온)을 감각한다는 것은 생명현상 자체를 감각하는 것이라고 할 수 있다.

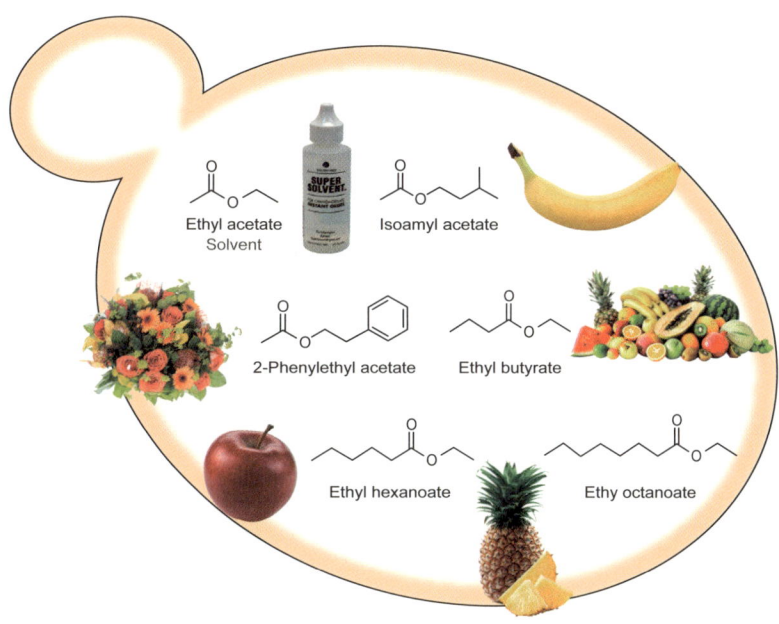

에틸아세테이트 Ethyl Acetate

**Ethereal fruity
Brandy-like
Pineapple**

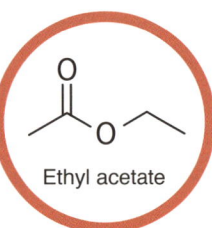

Ethyl acetate

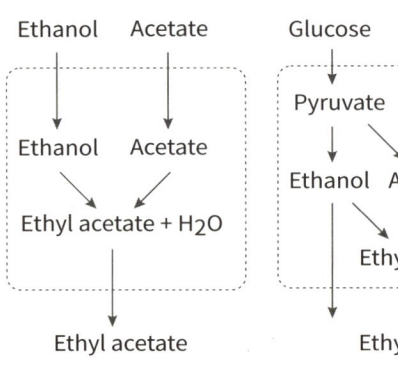

발효 시 가장 쉽게 많이 만들어진다. 만약 다른 물질처럼 역치가 낮았다면 술의 향은 에틸아세테이트가 압도했을 것이다.

향기 물질	노트	역치(ug/L)	상대 강도
Ethyl isovalerate	Fruit	3	6.67
Ethyl octanoate	Fruit, Fat	5	4.00
Ethyl hexanoate	Apple, Pineapple	14	1.43
Ethyl isobutyrate	Fruity	15	1.33
Ethyl 2-methylbutyrate	Apple	18	1.11
Ethyl butyrate	Apple	20	1.00
Isoamyl acetate	Banana	30	0.67
Ethyl decanoate	Grape	200	0.10
Phenylethyl acetate	Rose, Honey	250	0.08
Ethyl acetate	Fruity, Solvent	12264	0.002

술의 주 향기 물질이지만 아무도 모르는 이유

에틸아세테이트는 에탄올과 초산 또는 아세틸CoA가 결합하여 만들어지는 향기 물질이다. 술에는 다량의 알코올이 있고, 대사 과정의 중간 산물로 아세틸CoA가 많이 만들어지기 때문에 술에 존재하는 에스터 물질 중 압도적으로 많은 것이 에틸아세테이트이다. 다행히(?) 역치가 높아 양에 비해 향이 약해서 그렇지, 만약 이 물질의 역치가 다른 향기 물질만큼 낮다면 와인을 포함한 대부분 술은 에틸아세테이트 향이 압도적일 것이다.

다량일 때는 용매취와 같은 이취이나 물에 소량 희석되어 사용될 때는 달콤한 과일 느낌이 난다. 역치가 매우 높아 양보다 향이 매우 약해서 단순히 향료의 품질을 높이는 보조제로도 쓰이는 등 단일 향기 물질로는 가장 많이 사용되는 원료이기도 하다.

통상의 양은 풍미를 강화하는 정도로 작용하거나 휘발성 산의 느낌을 강화하는 역할을 하지만, 리터당 0.15~0.2g 정도가 생기면 용매취가 강해져 결점으로 작용한다. 결국 휘발성 산이 유쾌하게 느껴지는 때는 에틸아세테이트가 적당하고, 초산이나 젖산 외의 불쾌한 향이 강한 휘발성 산의 양이 적은 동시에, 과일 향 등이 풍부하여 이들과 새콤한 산미가 같이 휘발하여 코에 전달해 줄 때라고 할 수 있다. 반대로 불쾌할 때는 에틸아세테이트가 과도할 때, 휘발성 산이 과도할 때, 브렛이나 마우스(Mouse)취가 결합할 때 등이다. 결국 향이란 맥락과 균형에 의해 의미가 완전히 달라지는 것이다.

• 에틸프로피오네이트 Ethyl propionate •

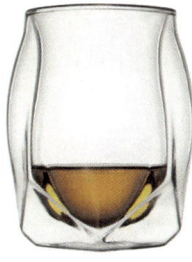

Sweet
Etherialcity
Rummy
Grape
Winey

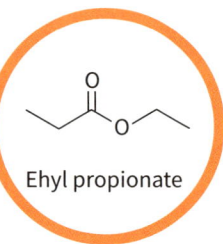

Ehyl propionate

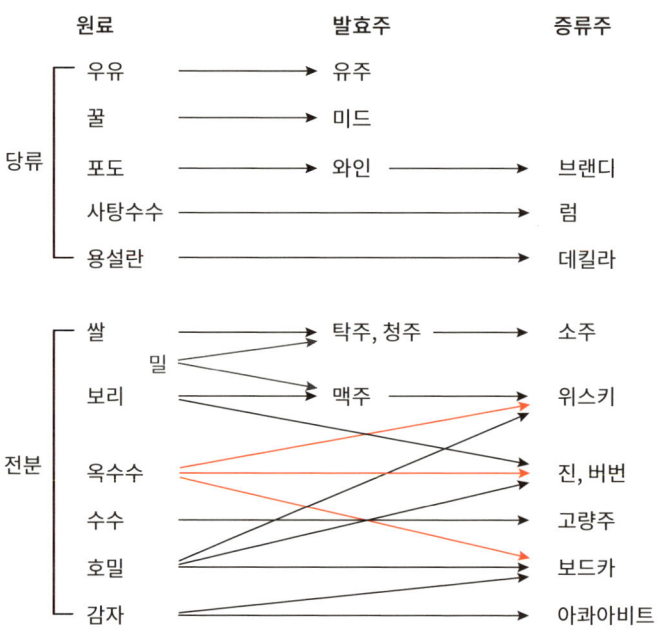

영국의 탄압 덕분(?)에 품위가 높아진 스코틀랜드 위스키

위스키는 처음에는 맥아(몰트)를 원료로 만든 알코올에 사프란(Saffron), 육두구 등의 향신료와 설탕을 넣어 약용으로 사용되었다. 그러다 지금과 같은 형태로 발전한 것은 12세기경으로 추정한다. 켈트(Celt)족이 아일랜드에 전하고, 1170년 헨리 2세가 잉글랜드를 정복하면서 스코틀랜드에도 전해지게 되었다. 아일랜드의 아이리시(Irish) 위스키와 스코틀랜드의 스카치(Scotch) 위스키로 구분되다가 곡물(주로 옥수수)을 원료로 하는 그레인위스키(Grain whisky)가 제조되었다. 스코틀랜드인 이주자들에 의해서 미국(켄터키 주의 버번)에서 밀주 형태로 제조되어 버번위스키라 불리었고, 주원료가 옥수수였기 때문에 옥수수를 절반 이상 함유하는 위스키를 모두 버번위스키로 부르고 있다.

대영제국은 스코틀랜드를 합병 후, 스코틀랜드의 위스키 제조자들에게 무거운 세금을 부과했다. 스코틀랜드 위스키 제조자들은 탈세를 위해 산속이나 오지로 숨어들게 되었고, 오지에서 맥아를 건조하기 위해서는 이탄(泥炭; Peat)을 사용할 수밖에 없어서 피트 향이 추가되었고, 증류한 술을 은폐하려고 셰리주(Sherry)의 빈 통에 담아 산속에 은폐시켰는데, 스코틀랜드 산속의 한랭하고 안개 많은 기후에 의해 증류 당시에 무색이었던 술이 투명한 호박색에 짙은 향취가 풍기는 훌륭한 술로 바뀌게 되었다. 밀주 제조자들의 임기응변과 주변 환경이 현재와 같은 위스키를 탄생시킨 것이다.

에틸부티레이트 Ethyl butyrate

Fruity
Sweet
Tutti frutti
Apple
Fresh & lifting
Ethereal

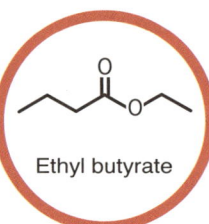

Ethyl butyrate

Butyric acid   Ethanol → Ethyl butyrate

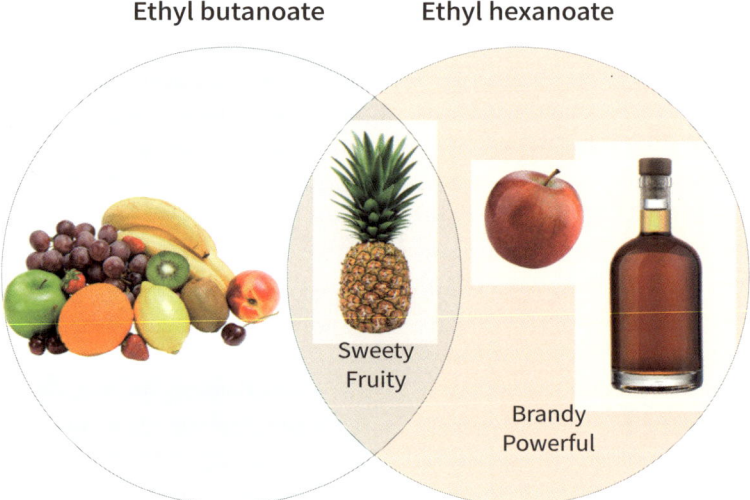

Ethyl butanoate   Ethyl hexanoate

Sweety Fruity

Brandy Powerful

과일 향에 풍부한 에스터 물질

　에스터 물질은 향수 제조 시 용매로 많이 쓰인다. 다른 향기 물질과 무난하게 잘 어울리고, 경제적이며, 용매 특성도 좋아서 식품 향료나 향장품 향료에 아주 흔하게 쓰인다. 특히 과일의 향을 낼 때 많이 사용된다. 오렌지 향의 제조에 가장 흔히 사용되고, 체리, 파인애플, 망고, 구아바, 복숭아, 살구, 무화과, 자두 향에도 쓰이며, 알코올 음료(마티니, 데킬라 등)에도 잘 쓰인다.

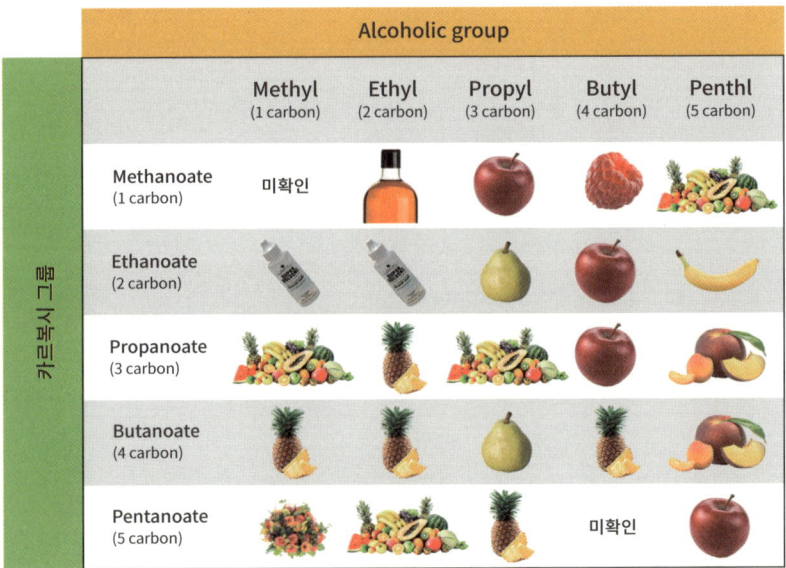

에틸헥사노에이트 Ethyl Hexanoate

Powerful
Fruity
Pineapple
Banana
Winy
Odor

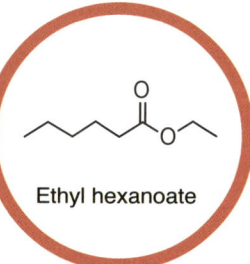

중국 술에서 발견되는 향기 물질이 1,200종이나 된다고 하지만, 핵심적인 향기 물질은 얼마 되지 않는다.

향기 물질	역치(ug/L)	아로마가(AV)		
		제품1	제품2	제품3
Ethyl caproate(hexanoate)	55	79.34	78.39	81.29
Ethyl caprylate(octanoate)	13	11.42	10.22	11.01
Ethyl butyrate	82	4.36	5.56	3.48
Ethyl valerate	27	2.83	4.36	2.49
Caproic acid	2520	0.68	0.29	0.64
Butanoic acid	964	0.45	0.44	0.35
Pentanoic acid	389	0.19	0.21	0.16
Ethl 3-phenylpropanoate	125	0.12	0.08	0.09
Ethl acetate	32,600	0.09	0.05	0.05
1-Butanol	2730	0.09	0.06	0.05
… 1,000여 종의 향기 물질				
합계		46443	59858	53320

짝퉁(?) 백주를 만들기 쉬운 이유

백주는 몇 가지 향이 강하게 술의 개성을 부여하는 경향이 있기 때문에 흉내내기가 오히려 쉬운 편이다. 그래서 가짜 술이 많이 만들어진다.

- a. 장향(Sauce flavor; 酱香): 백주는 고유의 장향과 발효지에서 베어든 토양의 향 그리고 단맛이 도는 알코올 향 등이 잘 조화된 특이한 풍미를 가진 술이다. 술의 색깔이 맑고 투명하며 장향이 강하지만 섬세하고 부드러운 특징이 있다. 누룩은 초고온에서 띄운 것을 쓰며 마오타이가 대표적인 장향형 백주이다. 낭주와 무릉주도 있다. 페놀계 향과 테트라메틸피라진이 주 향기 물질이다.

- b. 농향(Strong; 濃香): 대부분 고량을 사용하여 만들고 오래된 발효지를 사용하지만, 일부는 인공 구덩이를 쓰기도 한다. 향은 에틸에스터가 절대적으로 우세하다. 쓰촨성과 장쑤성에서 생산되는 명주는 대부분 농향형으로 전체 백주의 70%를 차지한다. 에틸헥사노에이트가 대표적이다.

- c. 청향(Light; 清香): 산시성의 분주(汾酒)가 대표적이며, 전체 백주의 약 15%를 차지한다. 향은 초산에틸과 젖산에틸이 주도적인 역할을 한다. β-다마세논 등이 보조한다.

- d. 겸향(Miscellaneous; 兼香): 장향과 농향의 중간 수준 향이다.

백주는 그밖에도 봉향(Feng; 凤香), 쌀 향(Rice flavor; 米香), 약향(Medicine; 药香), 참깨 향(Sesame; 芝麻香), 특향(Teflavor; 特香), 시향(Chi flavor; 豉香), 노백간(Laobaiganflavor; 老白干), 복울(Fuyu; 馥郁香)로 구분하는데, 각각 주도하는 향기 물질이 다르다.

이소아밀아세테이트 Isoamyl acetate

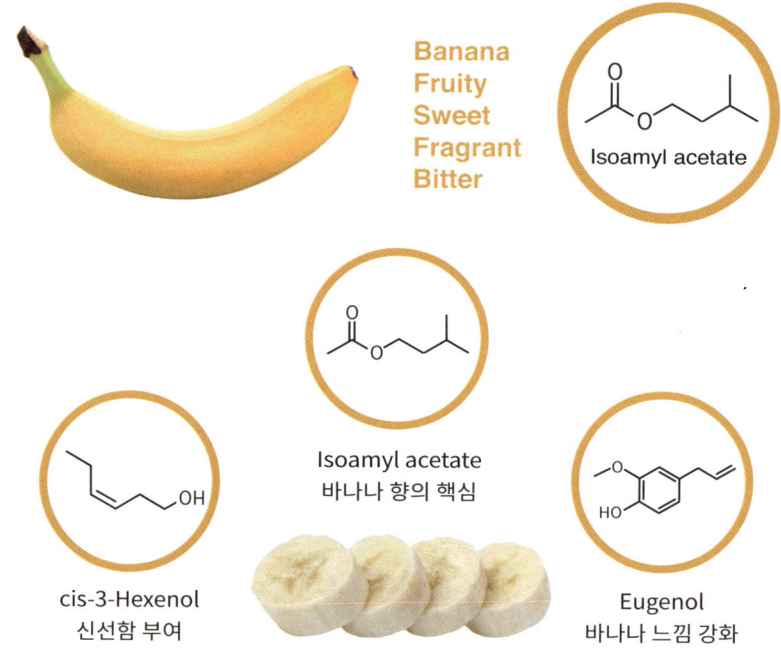

Banana
Fruity
Sweet
Fragrant
Bitter

Isoamyl acetate

Isoamyl acetate
바나나 향의 핵심

cis-3-Hexenol
신선함 부여

Eugenol
바나나 느낌 강화

바나나의 핵심 향기 성분은 이소아밀아세테이트이다.

Isoleucine → Ketoiso caproate → Isovaler aldehyde → Isoamyl alcohol + Acetic acid → Isoamyl acetate

Isovaleric acid

바나나우유에는 바나나가 없다!

향은 여러 성분으로 구성되어 있지만, 그 핵심인 뼈대를 이루는 성분이 있다. 예를 들어 바닐라 향은 수십 종 이상의 향기 성분으로 만들어지며 핵심 성분은 바닐린이다. 바나나의 경우는 이소아밀아세테이트가 핵심 성분이다. 여기에 유제놀을 첨가하면 바나나의 느낌이 더 확실해진다. 이소아밀아세테이트와 유제놀이 향의 골격을 이루는 것이다. 향은 여기에 2차적인 특성을 부여하는 물질을 넣어서 완성된다. cis-3-Hexenol 같은 물질이 그 것이다. 이것 자체로는 바나나와 무관한 풋내일 수 있지만, 소량을 첨가하면 신선한 느낌을 준다. 이런 식으로 먼저 골격을 잡은 후에 거의 향으로 드러나지 않는 성분을 추가하여 향의 품격을 높인다. 성분이 많아질수록 보다 자연스러운 향이 되는 경향이 있으나, 적은 숫자로 그 특성을 구현할수록 작업성도 좋고 뛰어난 조향사라고 할 수 있다.

기초 뼈대가 성공적으로 만들어지면 조향사는 좀 더 미묘한 2차 특성 보완작업을 한다. 향기 물질의 종류가 많다 보니 선택의 대안은 넓다. 예를 들어 그린노트 또는 풋내를 내는 물질은 대표적인 cis-3-Hexenol뿐만 아니라 Raw green(cis-3-Hexenyl formate), 사과 green(trans-2-Hexenal), 메론 green(Melonal), 덜 익은 green(Hexanal), 오이 green(trans-2-cis-6 Nonadienal) 같은 물질이 있다. 이들의 미묘한 차이를 잘 이용하는 것이다. 그런데 조향은 성분의 상호작용에 의한 것이라 예상과는 다른 효과를 보이기 쉽다. 그래서 많은 시행착오가 필수이다.

γ-노나락톤 γ-Nonalactone, γ-운데카락톤 γ-Undecalactone

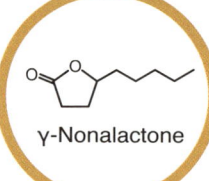
γ-Nonalactone

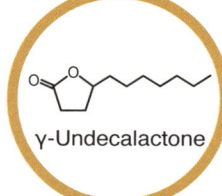
γ-Undecalactone

Sweet, Creamy, Coconut, Fatty with, Oily buttery

Fruity, Peach, Creamy, Fatty, Apricot, Ketonic coconut

쿠마린: 최초로 발견된 락톤

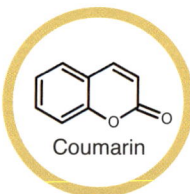
Coumarin

특유의 풍미로 향수의 원료로 사용한다.
간 독성으로 식품에는 사용 금지.

마가린에 버터 풍미를 부여하다

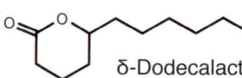
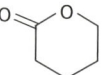
δ-Dodecalactone

α-Lactone　　β-Lactone　　γ-Lactone　　δ-Lactone

감마(γ)-노나락톤은 락톤류 중 향수나 향료에 가장 자주 쓰이는 물질이다. 향을 맡으면 코코넛이 연상되는데, 단맛과 지속성이 높아 향수에서 고정제 역할도 한다. 코코넛은 매년 200억 개가 생산될 정도로 유용한 식재료이며, 열대 지방에서 고기와 생선, 채소와 쌀 등 온갖 음식물을 끓이는 기름지고 뛰어난 풍미가 있는 육수의 역할을 한다. 코코넛의 독특한 단맛과 풍부한 향은 락톤에 의해 만들어진다. 코코넛을 볶으면 보다 보편적인 견과의 향(피라진, 피롤, 푸란에서 기인하는)이 생성된다.

감마(γ)-운데카락톤은 1950년대에 향수 원료로 대성공을 거두었으며 지금도 여러 향수에 조금씩 사용된다. 원래 바이올렛 향수에 사용되었는데 지금은 복숭아 향을 만드는 데 더 많이 쓰이고 있다. 종종 휘발성이 강한 과일 에스터를 오래 지속시키는 고정제의 역할로 많은 과일 향에 사용된다. 그리고 이것은 노나락톤과도 매우 잘 어울린다. 과일 향에 달콤함과 깊이를 배가시키는 것이다.

락톤 이야기

분자 내에 고리형의 에스터(-COO-) 구조를 가진 물질을 락톤이라 한다. 삼각형 구조가 α-락톤이고, 사각형, 오각형으로 고리가 커짐에 따라 β, γ, δ, ε이 된다. 그 중에 γ-락톤이 가장 안정하고, δ-락톤이 그다음으로 안정하다.

락톤은 과일 등에 약간씩 함유되어 부드러움과 달콤함을 주며, 최초로 발견된 락톤은 쿠마린이다. 쿠마린은 1882년 이래 그 특유의 풍미 덕분에 향수의 원료로 사용되었는데, 간에 미치는 독성 문제로 식품에는 사용이 금지되었다. 락톤 중에서 14~17개의 큰 환상 고리를 가진 것은 향의 지속성이 큰 사향(麝香)의 냄새를 가진다. 락톤은 대체로 에스터와 향이 비슷해서 과일 향이 많이 사용되고 우유와 버터에서도 중요한 향이다.

서양에서 언제인가부터 버터가 건강에 나쁘다는 이미지가 생기면서 마가린이 등장했는데, 1955년부터 δ-도데카락톤이 마가린에 버터 풍미를 부여하는 용도로 활약하게 되었다. δ-데카락톤과 δ-도데카락톤의 혼합물이 기호도 향상의 핵심물질이 되었다. 우유 향을 내는 데는 5-and 6-Decenoic acid, 6-(5-and 6-Decenoyloxy)Decanoic acid 지방산도 중요한 역할을 한다.

머스크 합성의 경쟁

초기에 향수업체의 목표는 사향을 경제적으로 만드는 것이었다. 사향(麝香)은 수컷 사향노루의 복부에 있는 향낭(사향 샘)에서 얻은 분비물을 건조해서 얻는 것으로써 '머스크(Musk)'라고도 불린다. 과거에는 향수와 약의 주원료였으며, 사향의 산지인 인도와 중국에서는 선사시대부터 사용되었다고 추정한다. 특히 이슬람 문화는 사향을 온갖 고귀하고 선한 것, 즉 찬양, 순결, 계급과 부, 진정한 사랑의 향기와 비유하면서 그 향의 아름다움을 극찬했다. 아무리 감추고 밀봉해도 사향의 향기는 새어 나간다고도 생각했다.

실제로 사향은 성분이 아름다운 베이스 노트를 갖고 있어서 향수의 향이 오래 남아 있도록 해준다. 유럽에서 꽃향기를 베이스로 한 향수가 사향 향수를 밀어낸 것은 18세기에 이르러서였다. 체취를 연상시키는 동물성 냄새를 불쾌한 것으로 생각하는 사회적 기준이 생겨났기 때문이다.

일부 동물은 냄새를 소통의 수단으로 쓴다. 수컷 여우원숭이는 '냄새 경쟁'으로 우위를 가린다. 수컷끼리 짝짓기를 위해 암컷을 유혹할 때 내는 냄새를 계속 뿜어내다가 먼저 소진된 수컷이 물러나는 것이다.

사향을 귀하게 여긴 것에는 여러 다른 목적도 있지만, 향수에서는 특히 향을 오래 지속시키는 효과가 매우 중요하게 여겨졌다. 사향 채취를 위해 희생된 사향노루가 한때 연간 1~5만 마리에 이르렀다고 전해지며, 현재 멸종 위기에 있어 사향 상업 목적의 국제 거래를 원칙적으로 금지하고 있다.

사향을 대체하려는 노력은 과거부터 있어왔으며, 그래서 향기 물질 중에서 가장 다양한 형태의 대체물이 개발되었다. 그중에는 폭약의 원료에서 유래한 것도 있다. 흔히 TNT로 알려져 있는 '트리니트로톨루엔'은 화학명에서도 알 수 있듯이 톨루엔에 니트로기가 3개 붙은 분자이다. 어떤 분자가 폭약으로 작동하기 위해서는 탄소 원자에 대한 산소의 비가 적절해야 한다. 바우어는 이 분자 비율을 조정하다가 우연히 합성 머스크를 발견했다. TNT에 네 개의 탄소 원자를 첨가하자 폭발력이 사라지고 훌륭한 향기를 가진 분자가 된 것이다. 대부분의 니트로 화합물이 갖는 청결하고 감미롭

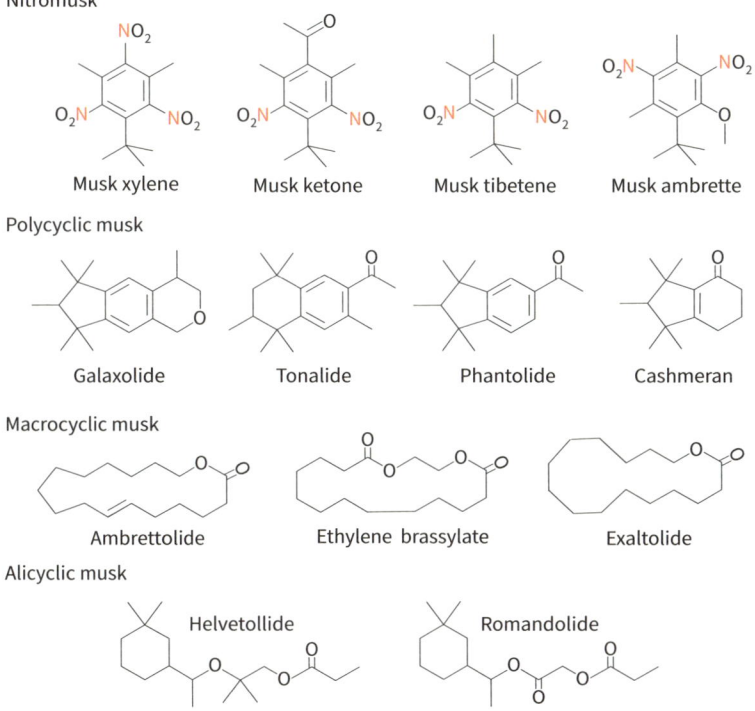

고 에테르 같은 향기에 진하고 밝고 크림과 같은 부드러움을 가지고 있었으며, 피부 위에서 몇 시간 동안이나 지속되었다. 천연 머스크를 사용했을 때와 완전히 같은 효과였는데 가격은 무려 1/1,000 정도였다.

이후 몇십 종류의 니트로머스크가 만들어졌다. 모두 벤젠고리에 니트로기가 붙어있었지만 각각 향의 강도와 특징이 다르다. 그중에서도 모든 조향사들이 사용하고 싶어 한 것은 '머스크 암브레트'이며 가장 바람직한 파우더리 향조를 가지고 있다. 그러나 니트로는 근자외선을 강하게 흡수하기 때문에 밝은 빛 아래에서 원하지 않는 화학작용을 일으키고 광알레르기성 피부염을 가져오기 때문에 사용이 금지되었다.

머스크는 향기 물질 중에서도 특히 미스터리의 전형이라 할 수 있다. 향기가 비슷하면서도 그렇게 분자의 구조가 다른 것은 머스크밖에 없기 때문이다. 머스크는 상업적으로 매우 중요한데, 원래는 몇 종의 동물이 만드는 것이라 구하기 힘들어 다른 어떤 향기 물질보다 집중적으로 연구된 이유도 있다.

천연 머스크 성분은 1921~1945년까지 크로아티아 출신의 레오폴트 루지치카(Leopold Ruzicka)의 연구에 의해 밝혀졌다. 그 물질은 워낙 예상 밖의 물질이었으며, 루지치카는 이 연구로 1939년 노벨상을 수상했다. 당시에는 아홉 개 이상의 탄소 원자로 이루어진 탄소고리 분자는 관찰이 되지 않아 만들어질 수 없다고 생각했다. 그런데 루지치카가 사향노루에서 채취한 머스크 향 물질을 정제하고 분석해 보니 주 사슬이 15탄소의 길이였다. 루지치카는 노벨상 수상 기념 강연에서 "방해가 된 것은 그와 같은 물질 자체의 변덕스러운 성질보다는 오히려 15원소 고리가 존재할 가능성이 없다는 일반적인 편견이었다"라고 소감을 밝혔다. 그것은 분석도 합성도 힘들었다. 루지치카는 아홉 원소 고리부터 20원소 고리까지 모두 만들었고, 탄소 14개 근처에서 머스크 향이 나타나고 20개가 되면 다시 사라져 무취가 되는 것을 발견했다. 작은 고리는 장뇌 향, 탄소가 10개에서 13개 사이에는 우드 향이 났다.

　1950년대에 니트로 화합물이 알레르기를 일으킬 수 있다는 사실이 밝혀졌고, 고리 속에 산소가 없이 큰 고리를 이룬 화합물은 향기는 좋지만 만들기가 어려워서 매우 비쌌다. 그래서 머스크에 관한 연구가 다시 시작되었고, 곧 다환 머스크라 불리는, 종류도 다양하고 상업적으로도 성공한 일련의 머스크가 만들어졌다. 다환 머스크에는 다섯 종류가 있는데, 이들은 깨끗한 세탁물 냄새처럼 우리에게 매우 익숙한 향이다. 그러나 이들 머스크는 환경에 잔류하기 쉽고, 우리가 먹거나 마시는 것에 오염될 가능성이 있다는 문제가 있어서 연구가 계속 이어졌다.

　머스크는 형태가 워낙 다양하고 그나마 공통적인 것이 크기 정도이다. 머스크의 분자량은 모두 최댓값이 250 근처로 탄소 수가 15~18개 정도인 분자에 해당하는 것이다. 크기가 향기 분자의 최대 크기에 가까워 사람에 따라 향기를 느끼기도 하고 못 느끼기도 한다.

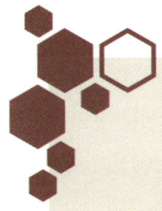

알아두면 좋은 향기 물질

5
가열로 만들어진 향

1	터펜계 향기 물질
2	방향족 향기 물질
3	카보닐 향기 물질
4	에스터와 락톤
5	가열로 만들어진 향
6	황화합물
7	질소 화합물

앞서 설명한 향들은 모두 효소에 의해서 만들어지는 것들인데, 이와 반대로 가열에 의한 비효소적인 반응으로 만들어지는 향미도 있다. 식품의 가열 반응은 복잡하고, 식품의 온갖 성분을 변화하여 색과 향이 만들어진다. 반응은 여러 단계를 거쳐 일어나는데, 가장 기본적인 과정이 당류 분자에서 수분이 빠져나가는 것과 분해가 일어나는 것이다.

먼저 탈수가 일어나야 지용성의 향기 물질이 되고, 쪼개어진 분자가 다른 분자와 만나 다양한 향기 물질의 원료가 된다. 가열로 만들어진 향은 많이 휘발되고 실제 제품에 남는 것은 적은 양이지만 그 효과는 강력하다. 가열하면 탄수화물(당류)은 캐러멜 반응이 일어나고, 단백질(아미노산)과 만나면 메일라드 반응이 일어나는 것이다. 이러한 과정을 통해 황화합물 등 인류가 좋아하는 향이 만들어진다.

이때 지방의 역할도 상당하다. 지방산이 분해되어 여러 풍미 원료가 되거나 향기 물질의 전구체가 된다. 튀김에서 느낄 수 있는 풍미도 주로 분해되고 산화된 지방산에 의한 것이다.

캐러멜 반응은 아미노산 없이 당류만을 가열했을 때 일어나는 화학반응이다. 이 반응을 통해 무색무취한 당에서 놀랍도록 다양한 향이 만들어진다. 당을 가열하면 단맛은 줄어들고 색깔이 짙어지며 향이 강해진다. 반응이 지나치면 탄화로 쓴맛도 강해진다. 캐러멜은 대개 설탕으로 만드는데, 설탕은 구성 성분인 포도당과 과당으로 분해된 후 새로운 분자들로 재

결합된다. 과당을 '환원당'이라고 하는데, 분자 내에 알데히드 구조가 있어 반응성이 크기 때문이다. 포도당, 설탕이 캐러멜 반응이 일어나는 온도는 160℃로 맥아당의 180℃보다는 낮지만, 과당의 110℃에 비해 훨씬 높은 이유다.

캐러멜 반응은 설탕을 물과 섞어 갈색이 될 때까지 가열해보면 쉽게 알 수 있다. 물은 설탕이 포도당과 과당으로 더 잘 전환되도록 해주고 타지 않게 해준다. 설탕을 끓여 물이 줄어들면 시럽 온도가 100℃ 이상으로 올라가며, 113℃이면 농도가 85%에 도달하고 퍼지를 만들 수 있다. 132℃에서는 당도가 90%가 되어 태피를 만들 수 있고, 149℃ 이상 가열하면 당도가 거의 100%이고, 식었을 때 바스러지는 하드캔디를 만들 수 있다. 캐러멜 반응으로 생기는 향에는 여러 향이 포함되어 있는데, 버터와 밀크 향, 과일 향, 꽃향기, 단내, 럼주 향, 구운 향 등이 대표적이다. 반응이 지나치면 단맛은 없고 신맛, 나아가 쓴맛과 거슬리는 태운 맛 등이 더 두드러지게 된다.

식품 성분 중에서 당류와 아미노산이 고온에서 반응하여 향이나 색소 물질이 만들어지는 것을 메일라드 반응이라고 한다. 당의 알데히드기가 그것과 친화력이 있는 아미노산의 아민과 결합하고 계속 이어지는 일련의 반응을 통해 다양한 맛, 향, 색소 분자가 만들어진다. 이 과정은 알칼리 환경에서 더욱 촉진되며 요리의 맛과 향의 근본이 된다. 구운 빵, 비스킷, 구운 고기, 연유, 볶은 커피, 군고구마, 군밤, 호떡, 부침개, 튀김 등의 로스팅 향이 이렇게 만들어진다.

반응의 시작은 포도당과 같은 당류가 아미노산과 결합하는 것이고, 아미노산과 결합하면 반응성이 훨씬 커져서 다양한 물질로 변환이 쉬워진다.

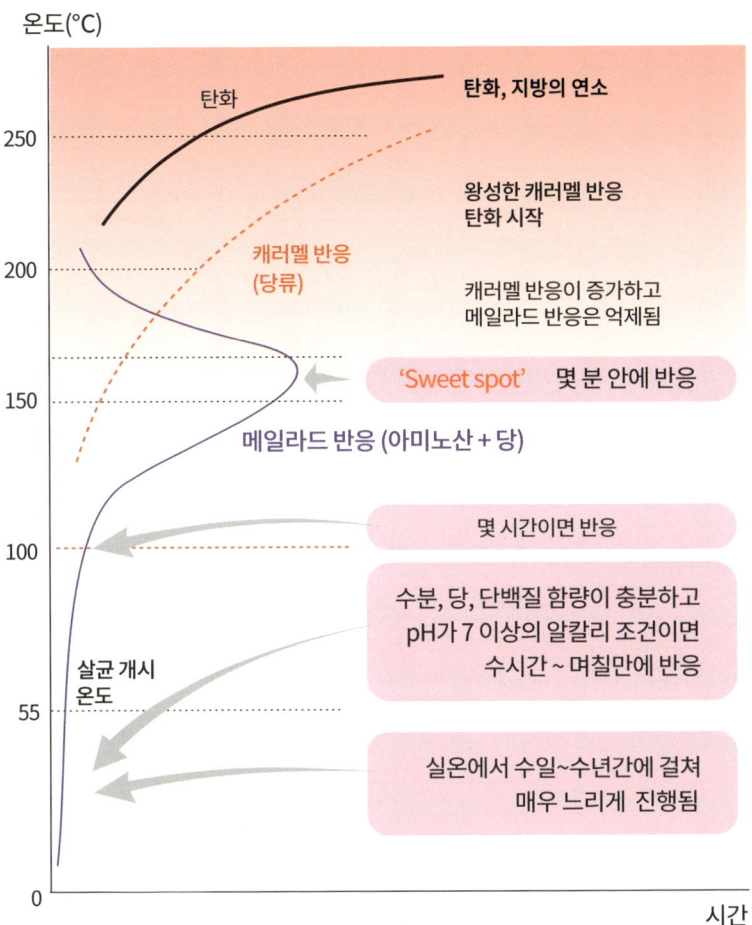

푸르푸랄 Furfural, 5-메틸푸르푸랄 5-Methyl Furfural

**Penetrating
Sweet
Caramel
Grain
Maple
Coffee
Nut**

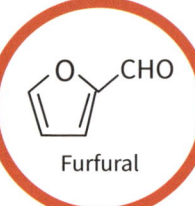
Furfural

**Sweet
Spicy
Warm
Caramel**

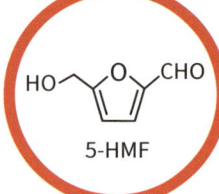
5-HMF

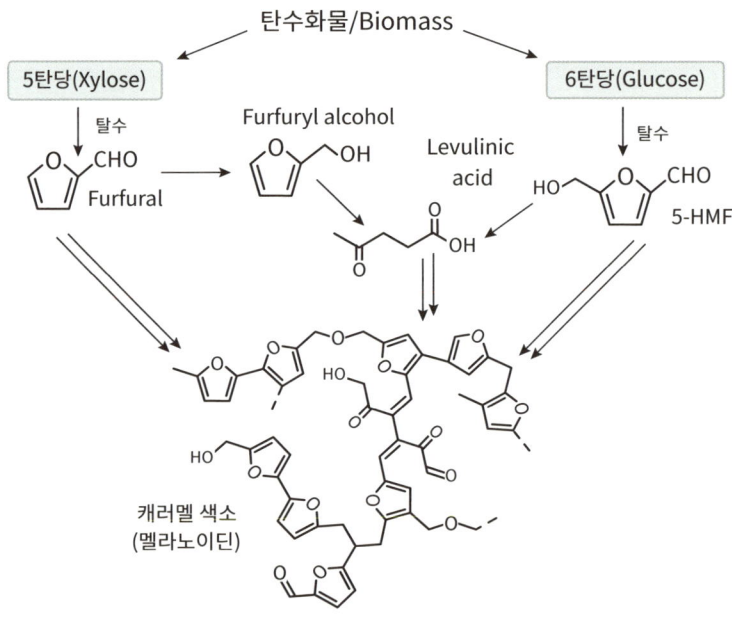

캐러멜 반응으로 가장 먼저 만들어지는 물질

푸르푸랄(Furfural)은 속겨(Bran)를 의미하는 라틴어 'Furfur'에서 유래했다. 푸르푸랄은 가열 조리된 여러 식품에서 발견되는데, 대표적으로 커피(55~255mg/kg), 통밀빵(26mg/kg) 등이 있다. 1922년에 상업적 생산이 시작되었으며, 옥수수 속대, 귀리 껍질, 목화씨 껍질, 쌀 껍질 및 사탕수수 등에서 생산되었다. 푸르푸랄은 향기 물질보다는 용매나 폴리머의 원료 등으로 중요한 역할을 한다. 푸르푸랄에 수소첨가 반응을 하면 푸르푸릴 알코올(Furfuryl alcohol(FA))이 되고, 이렇게 만들어지는 푸르푸랄 물질은 폴리머 합성, 정제, 용매, 촉매 등에 다양하게 활용된다.

푸르푸랄류는 캐러멜 반응으로 만들어지기도 쉽지만, 그만큼 다른 물질로 전환도 빠르다. 만약 한 번 만들어진 푸르푸랄이 계속 남아 있다면 가열한 식품의 향은 온통 푸르푸랄 향이 지배했을 것이다.

1. 설탕을 국자에 담는다.

2. 국자를 불에 올리고, 젓가락으로 저어 설탕을 녹인다.

3. 설탕이 완전히 녹으면 식소다를 약간 넣는다.

4. 철판에 붓는다.

5. 굳기 전에 모양틀로 누른다.

6. 굳으면 완성!

푸라네올 Furaneol
에틸푸라네올 Ethyl furaneol

Burnt sugar
Strawberry
Sweet
Fruity
Caramel

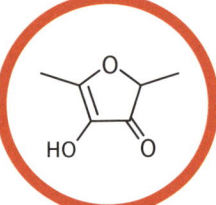

Furaneol
strawberry furanone

Sweet
Caramel
Candy
Butterscotch

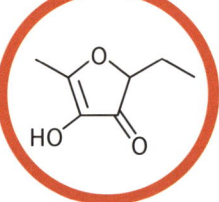

Ethyl furaneol

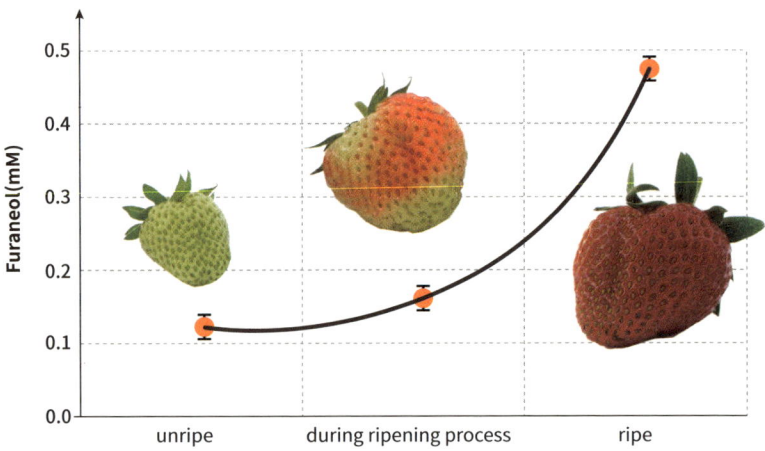

딸기의 달콤함은 어디에서 오는가?

푸라네올을 적당한 농도로 희석하면 딸기의 달콤함을 느낄 수 있다. 다른 여러 과일에서도 발견되며, 파인애플의 신선한 향에도 기여한다. 가열로 만들어지는 향도 효소로 만들어지는 물질과 겹치는 경우가 많다. 식물마다 모양과 형태는 다르지만, 기본적인 대사까지 다른 것은 아니다. 그래서 푸라네올 외에도 많은 향기 물질이 과일에 공통적으로 존재한다. 식물마다 활성화된 경로가 달라 특정 물질이 더 많이 존재하여 다른 풍미를 제공하는 것이다.

사과와 배는 지방족 에스터, 알코올 및 알데히드가 많은 편이며, 딸기류(딸기, 블랙베리, 라즈베리)는 비슷한 휘발성 물질에 케톤 또는 락톤이 추가된 형태다. 감귤류는 리모넨 같은 많은 양의 터펜이 들어 있는데, 품종마다 다소 독특한 향기 물질을 함유하여 향이 구별된다. 자몽은 황을 포함한 향기 물질이 특징을 부여하고, 레몬은 시트랄이 특징을 부여한다.

그리고 푸라네올(2,5-Dimethyl-4-hydroxy-3(2H)-furanone(DMHF))과 Mesifurane(2,5-Dimethyl-4-methoxy-3(2H)-furanone(DMMF)), 이 두 푸라논은 강하고 달콤한 좋은 향으로 인해 일찍이 확인되었다. 푸라네올과 감마-데카락톤(γ-Decalactone)은 딸기의 풍미를 향상시키는 향기 물질이다.

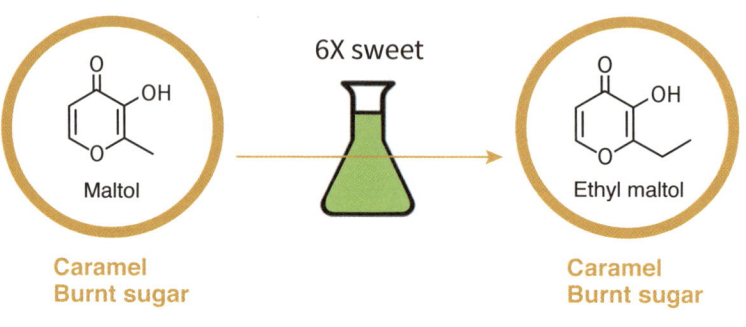

말톨(Maltol)은 탄수화물이 가열되면서 생성된다. 그래서 많은 식품에 자연적으로 존재한다. 구운 식품, 코코아, 초콜릿, 커피, 캐러멜, 몰트 등 달콤한 음식에 5~75ppm 정도 사용하면 설탕 사용량을 15%가량 줄일 수 있다. 분말 상태에서 과즙, 캐러멜, 스위트 노트를 가지며, 액상에서는 딸기나 파인애플의 과즙감이나 잼 같은 향조를 가진다. 페닐에탄올에 용해한 것은 발사믹하고 솔(Pine) 향조를 가진다.

에틸말톨(Ethyl maltol)은 1968년에 화이자에서 특허 출원(상표명 Veltol Plus®)한 상품이다. 말톨을 변형하여 만들어진 물질이며, 천연 말톨보다 6배 강력하다. 쿠마린의 대체용으로 많이 사용되며 풍미 증진의 효과가 있다. 저지방 요구르트, 아이스크림, 드레싱에 소량 사용하면 맛이 풍부해지며 크리미한 노트를 부여한다.

메이플락톤 Maple lactone

Sweet
Maple
Bready
Caramellic nutty

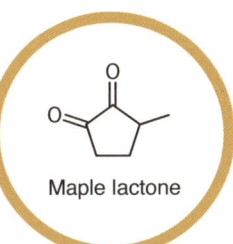

Maple lactone

Corylon
Methylcyclopen
-tenolone

    단풍나무는 중국 또는 일본에서 기원하였으며, 북반구 전체에 대략 100여 종이 있다. 설탕 제조에 쓰이는 북미의 단풍나무는 질과 양 모두 다른 종보다 우수하다. 그래서 북미 원주민들은 단풍나무를 활용해 자신들만의 농축 감미료를 개발했다. 과거에는 가열하여 농축할 도구가 마땅치 않았기 때문에 추운 날 수액의 물 성분을 얼려서 제거하는 방법으로 농축하여 이용했다. 하지만 오늘날에는 농축하기 위해 바로 가열하지 않고 역삼투압 장치를 이용하여 수액의 75%를 제거하고 농축된 수액을 끓여 풍미를 발현시키고 원하는 농도를 얻는다.

    시럽의 풍미는 단맛, 신맛, 바닐린에서 기인한 바닐라 향, 당의 캐러멜화와 메일라드 반응에 의한 향을 비롯한 다양한 미향이 포함된다. 시럽을 더 오래, 더 높은 온도로 끓이면 끓일수록 색깔이 짙어지며 풍미가 진해진다. 하지만 진짜 메이플 시럽은 상당히 비싸다 보니 시판되는 메이플 시럽 가운데 상당수는 향으로 풍미를 낸 것이다.

소톨론 Sotolon

Caramel
Nutty
Curry
Seasoning-like

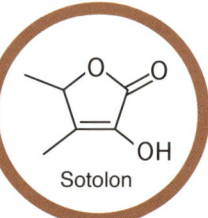

원당의 풍미를 담당

Soto는 일본어로 원당 + -olon은 락톤을 뜻한다.

고농도	페누그릭 커리 향

저농도	메이플 시럽 캐러멜 번트슈거

몸에서 거의 분해 되지 않기 때문에 페누그릭을 다량 섭취하면 소변에서 메이플 향이 날 수 있다.

조미료취(Seasoning flavor)를 내는 냄새 물질

소톨론은 1975년 페누그릭(호로파)에서 처음 분리되었다. 1980년에 사탕수수 원당의 풍미를 담당하는 것으로 밝혀지면서 소톨론으로 이름 지어졌는데, Soto는 일본어로 '원당'을 의미하고, -olon은 락톤을 뜻한다. 와인에서는 숙성의 지표 물질로 사용되며 향이 강한 편이다. 고농도에서는 페누그릭 또는 커리 향이고, 저농도에서는 메이플 시럽, 캐러멜, 번트슈거 향으로 느낀다. 소톨론은 몸에서 거의 분해되지 않기 때문에 페누그릭을 다량 섭취하면 소변에서 메이플 향이 날 수 있다. 이소류신의 대사 이상이 있을 경우 '메이플시럽뇨증'이 발생할 수 있는데, 이것은 뉴욕 시민들을 혼란에 빠지게 만들었던 향이기도 하다.

2005년 무렵, 뉴욕시 주민들은 때때로 맨해튼 서쪽과 그 너머에서 퍼지는 기묘하고 달콤한 향에 매우 혼란스러워했다. 이 정체모를 향은 2006년과 2009년에도 갑자기 나타났다가 갑자기 사라졌는데, 그때마다 311 정보 핫라인에 주민들의 전화가 쇄도했다. 그러다 호로파를 가공하는 뉴저지의 향료회사에서 나온 소톨론 향이라는 사실을 알게 되면서 결국 길었던 소동이 끝났다. 프루타롬(Frutarom)이라는 회사가 소유한 노스 베르겐 공장이 호로파 종자를 사용하여 식품 향료를 제조했는데, 습도가 높고 비가 내리지 않는 기상 조건으로 인해 향이 허드슨 강을 가로질러 맨해튼의 서쪽으로 흘러갔던 것이다.

이처럼 아무리 달콤하고 사람에게 안전한 성분이라 할지라도 정체를 알기 전까지는 그저 불안한 향에 불과하다. 공장에서 일하는 사람들은 하루 종일 그 향을 맡고, 대부분의 경우 유쾌하며 팬케이크 시럽, 쿠키 또는 과일 향과 비슷하여 배고픔을 느끼게 할 뿐이라 아무도 그 향기에 놀라지 않았는데, 훨씬 더 멀리에서 사는 맨해튼 사람들은 정체를 알지 못해 불안에 떨었던 것이다.

• 과이어콜 Guaiacol, 시린골 Syringol •

위스키의 스모키한 향에는 과이어콜이 큰 역할을 한다.

아무리 굽지 말라 해도 우리가 원하는 것은 '스모키'

언제인가부터 고기를 구우면 아크릴아미드, 벤조피렌 같은 유해한 물질이 같이 만들어지니 구워 먹는 대신 삶아서 먹기를 권장하고 있지만, 사람들은 결코 고기 굽기를 포기하지 못한다. 우리의 유전자에 불을 때거나 고기를 구울 때 나는 향에 대한 열망이 각인되어 있기 때문이다. 불의 발견과 이를 활용한 요리는 원시인에게 너무나 강력한 생존 수단이었다. 적으로부터 안전해지고 소화가 잘되어 생존에 결정적인 도움이 되었고, 그래서인지 지금도 사람의 후각은 로스팅 중 많이 발생하는 황화물에 대해서만큼은 개의 코만큼이나 민감하다고 한다. 얼마나 멀리서 고기 굽는 냄새를 맡고 달려갈 수 있는지에 따라 생존이 좌우되는 경우도 많았을 것이다.

과이어콜은 위스키의 스모키한 향을 내는 물질이다. 위스키를 담아 숙성시키는 오크통에서 많이 발생하며, 토탄(피트; Peat)에 그을린 보리(몰트)를 쓰는 스코틀랜드 방식 위스키에서는 과이어콜이 조금 더 많이 생긴다.

시린골도 목재 연기의 중요한 구성 요소다. 속씨식물의 리그닌을 열분해하면 시린골이 더 많이 만들어지고, 겉씨식물의 리그닌을 열분해하면 더 많은 과이어콜이 만들어진다. 더 많은 과이어실(또는 G) 함량을 가지고 있기 때문이다. 시린골은 스모킹을 하면 연기가 자욱한 냄새를 담당하는 주요 화학 물질이며, 과이어콜은 주로 맛에 기여한다.

4-비닐과이어콜은 발효에 의해서도 만들어진다. 바이스비어(바이젠)의 경우 효모들이 페룰산을 4-비닐과이어콜로 변환시키는데, 자극적인 정향(Clove)의 냄새가 낸다. 독일 밀맥주에서는 특징으로 대접받지만, 필스너 계열의 맥주에서는 이취로 취급받는다.

알아두면 좋은 향기 물질

6
황화합물

1	터펜계 향기 물질
2	방향족 향기 물질
3	카보닐 향기 물질
4	에스터와 락톤
5	가열로 만들어진 향
6	**황화합물**
7	질소 화합물

단백질을 구성하는 20가지 아미노산 중 시스테인과 메티오닌은 황(S)을 포함한 분자로서 생리적으로 중요하지만 향의 원천으로도 매우 중요하다. 열대과일, 고기, 커피, 와인, 채소 등의 매력을 설명하는 향이 이들로부터 만들어진다. 이들 향기 물질은 유난히 강력한 것이 많아 마늘, 양파 및 양배추에 강한 정체성을 부여하고, 구운 고기와 커피에 향기로운 매력을 부여한다.

또한 악취에도 결정적인 역할을 한다. 모두가 최악의 악취로 꼽는 것이 스컹크 냄새인데, 2-부텐싸이올, 3-메틸부탄싸이올 같은 황(싸이올)을 포함한 향기 분자가 핵심적인 역할을 한다. 이 분자들은 일부러 악취 물질로 활용하기도 한다. 가스에 소량 첨가하여 가스 누출이 일어났을 때 사람들이 빨리 눈치채도록 하기 위함이다.

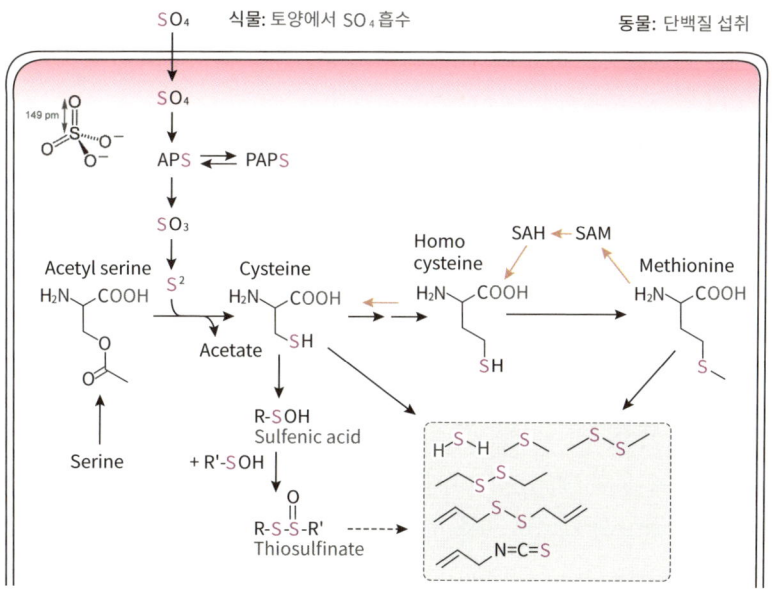

와인이 자외선에 많이 노출되면 원하지 않는 스컹키한 냄새가 발생하는데 이 역시 적은 양의 황화합물 때문이며, 방귀 냄새는 인돌이나 스카톨 같은 질소화합물이 원인으로 알려졌지만, 실제로는 황화수소, 디메틸설파이드, 메탄싸이올 같은 황화합물 때문이다. "바닐라 커스터드를 변소에서 먹는 것 같다"라고 하는 두리안의 악취도 황화합물로 인한 것이다.

그런데 황화합물은 인간이 가장 좋아하는 향이기도 하다. 과거에 우리는 참기름을 정말 좋아해서 어떤 음식이든 참기름만 넣으면 고소하고 맛있다고 했는데, 참기름의 핵심적인 향이 바로 황화합물이다. 그래서 참기름에 생소한 서양 사람은 이 향을 약간 스컹키하다며 싫어하기도 한다. 요즘도 서양송로버섯인 트러플이 고급 식재료로 인기를 끄는데, 트러플 향을 좋아하는 사람은 우리가 참기름을 사용하면서 하는 말처럼 어떤 음식이든 맛있게 변한다며 좋아한다. 그런 트러플의 특징적인 향도 황화합물(2,4-Dithiapentane)이다. 채소와 고기의 독특한 향기 물질 중에는 황을 포함한 분자가 많다. 결정적으로 우리가 커피를 볶거나 고기를 굽거나 빵을 구울 때 나는 고소한 향도 이 황화합물의 역할이 크다. 그래서 일부 식품 제조 시 풍미를 높이려고 일부러 시스테인을 따로 첨가하기도 한다. 그러면 메일라드 반응이 강해지면서 풍미도 강해진다.

단지 산소 위치에 황이 들어간 것뿐인데도 그렇다

황은 향기 분자 중에서도 정말 독보적이고 지배적인 존재인데, 똑같이 생긴 향기 물질에서 그것을 구성하는 산소 하나만 황으로 바꾸어도 그 강도가 적게는 수천 배, 심하면 1억 배까지 강해지기도 한다. 그만큼 인간의 코가 황의 냄새에 예민한 것은 아무래도 요리와 관련이 있다. 고기를 구울 때 나는 향이나 커피 향의 핵심적인 매력을 설명하는 것은 황을 포함한 향기 분자이다. 황은 워낙 소량으로 작동하기 때문에 조금만 과해도 불쾌한 냄새가 되지만 그럼에도 인간은 끊임없이 황 냄새를 좋아하도록 진화해온 것이다.

		역치 (mg/kg)		
Methanol	—OH	0.001~10 ↳ 0.0002~0.004	—SH	Methanethiol
Ethanol	∕∕OH	3.5~190,000 ↳ 0.002	∕∕SH	Ethanethiol
Prenyl Alcohol	∕=∕OH	0.25~7.8 ↳ ~0.0000002	∕=∕SH	Prenylthiol
4-Hydroxy-4-m -2-pentanone		44~100 ↳ ~0.0000001		4-Mercapto-4-m -2-pentanone
3-Hydroxy- 2-butanone		0.014~10 ↳ 0.03		3-Mercapto- 2-butanone
Furfuryl alcohol		1.9~2.0 ↳ 0.005~0.12		Furfuryl mercaptan
2-Phenyl ethanol		~75 ↳ 0.00005		2-Phenyl ethanethiol
α-Terpineol		0.0046~150 ↳ 0.0000001		1-p-Methen- 8-thiol

황화수소 H₂S

달걀 냄새
썩은 달걀 냄새

황화수소

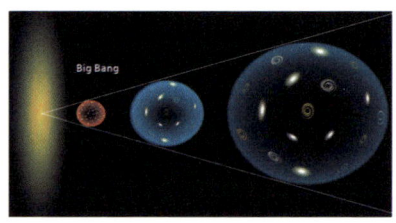

우주 탄생부터 존재했을 근원적인 분자.

| 특유의 "달걀" 냄새 | 눈과 호흡기에 강한 자극 | 눈과 호흡기에 심한 자극, 기침, 두통, 메스꺼움, 후각 상실 | 호흡 곤란, 폐부종, 구토 현기증, 조정력 상실 | 비틀거림, 쓰러짐 또는 "넉다운" | 호흡 마비로 몇 분 내 사망 |

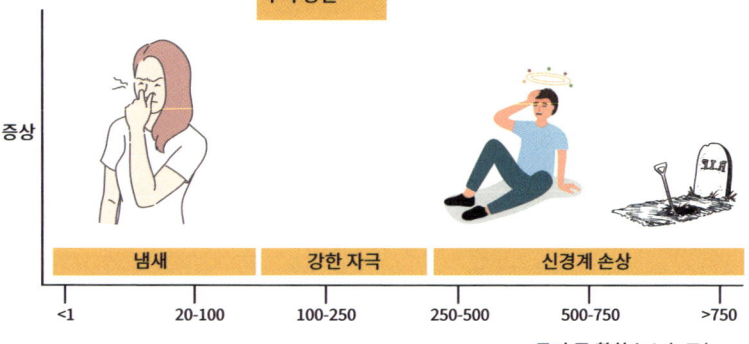

증상

냄새	강한 자극	신경계 손상		
<1	20-100	100-250	250-500	500-750	>750

공기 중 황화수소 농도(ppm)

원시 지구의 냄새는 어땠을까?

황으로 만들어진 가장 간단한 향기 물질인 황화수소(H_2S)는 유황온천이나 물이 심하게 오염된 곳에서 맡을 수 있는 지독한 냄새이다. 썩은 달걀, 스컹크의 지독한 냄새도 황을 포함하고 있다. 하지만 충분히 희석하여 맡아보면 삶은 달걀과 비슷한 냄새가 난다. 달걀이 매우 복잡한 성분으로 되어 있어서 향도 매우 복잡할 것으로 생각하지만, 극미량의 황화수소 한 가지 냄새만 난다.

과량의 황화수소는 위험성이 높다. 2018년 11월, 부산 사상구의 한 폐수처리업체에서 황화수소로 추정되는 물질이 누출되어 근로자 4명이 의식불명에 빠진 사건이 있었다. 황화수소는 비중이 공기보다 1.2배 무거워서 아래쪽으로 쌓이게 된다. 미량으로도 강한 향이 나지만 일정 수준 이상에 노출되면 냄새를 아예 맡을 수 없게 되어 매우 위험하다. 0.3ppm 이상이면 강한 냄새가 나고, 100ppm이 넘으면 후각신경이 마비돼 냄새를 맡을 수 없게 된다. 이때부터 질식 위험이 따른다. 700ppm 이상에 노출되면 노출 즉시 호흡정지로 사망할 수 있다. 인공동면을 유도할 수 있는 물질이기도 하다. 쥐를 황화수소(H2S) 80ppm이 주입된 공간에 넣었더니 수 분 만에 움직임을 멈추고 의식을 잃었다. 호흡이 분당 120회에서 10회 미만으로 줄고, 체온은 36.7℃에서 11℃까지 떨어지고 신진대사율은 90%나 감소했다.

소량은 산화질소(NO)처럼 신호 물질로 작용해 근육의 이완 작용을 한다. 마늘을 먹으면 혈관을 넓어져 혈류량이 증가하는 것이 이런 황화수소의 작용이라고 추정한다. 황화수소가 쥐의 혈압을 떨어뜨려 고혈압을 예방하고, 암 발생 위험을 낮춘다는 연구 결과도 있다. 독과 약은 양에 의해 결정되고, 악취 물질도 적절히 희석하면 매력으로 작용하며, 반대로 좋은 향기 물질도 양이 지나치면 불쾌감을 유발한다.

메틸머캅탄 Methanethiol(MeSH)

Vegetable oil
Boiled cabbage
Alliaceous
Eggy
Creamy with savory

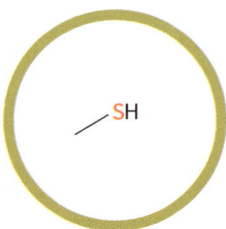

methyl mercaptan
methanethiol(MeSH)

H–S–H	Hydrogen sulfide	rotten egg, sewage-like
⌐SH	Methylmercaptan	cabbage, diffusive
∧SH	Ethyl mercaptan	burnt match, sulfiury, earthy
⫽∧SH	Allyl mercaptan	onion, garlic, potent
∧∧SH	Propyl mercaptan	rotten cabbage, burnt rubber

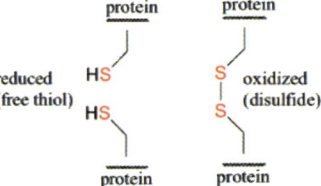

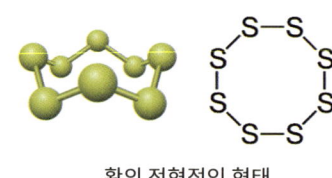

황의 전형적인 형태

도시가스에 부취제(Odorizer)를 넣는 이유

머캅탄은 -SH기를 가진 향기 물질로서 수은(Mercury)을 붙잡는(Capturing) 능력이 뛰어나다는 의미로 붙여진 이름이고, 싸이올(Thiol; 티올)로 불린다.

우리가 쓰고 있는 LNG(도시가스) 또는 LPG(프로판가스)에는 머캅탄(싸이올) 등의 강한 냄새가 나는 황화합물이 첨가되고 있다. 1937년 텍사스의 뉴런던 학교에서 발생한 천연가스 누출 폭발 사고로 300여 명의 학생과 교사가 희생당한 이후부터 도입된 것이다. 원래는 냄새가 없는 가스에 일부러 강한 냄새의 부취제를 첨가하여 누출 시 쉽게 알아챌 수 있도록 한 것이다. 이때 사용하는 부취제는 인체에 해가 없고, 연료가스에 잘 혼합되고, 일반적인 생활 악취와 쉽게 구별할 수 있는 냄새여야 한다. 또한 보관 시 안정하여 변화가 적고, 매우 낮은 농도로도 인지 가능하고, 부식성이 낮고, 완전히 연소되어야 하며, 기계적으로도 검지 가능하고, 가격이 저렴하고 수급이 쉬워야 한다. 그런 이유로 에틸싸이올, 터셔리부틸싸이올, 이소프로필싸이올, 노말프로필싸이올 같은 싸이올 계통의 황화합물이 사용된다.

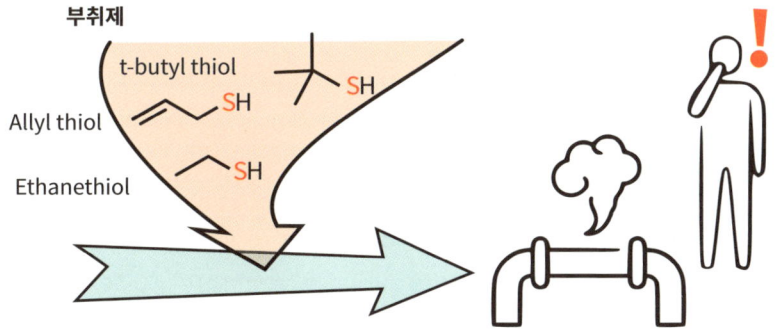

» 와인의 환원취(Reductive wine)

와인에서 환원취는 황화합물에 의한 것이다. 양조 중에 공기가 전혀 통하지 않는 스테인리스 스틸이나 밀폐 양조통에서 발효를 하면 효모가 아미노산 대사를 하기 힘들어지면서 이산화황(SO_2) 대신 황화수소(H_2S)를 생성한다. 황화수소는 이산화황의 산소가 수소로 환원된 형태다. 이런 황화수소는 산소가 있으면 다시 이산화황으로 산화되어 사라지지만, 때로는 메틸알코올이나 아세트알데히드 같은 중간 발효물질과 반응하여 머캅탄, 디메틸설파이드 같은 향기 물질로 변환한다.

황화수소는 우주의 탄생부터 존재했을 근원적인 분자로서 숙성된 치즈, 살라미, 홍어, 소변 등에 많은 향기 물질이다. 소량일 때는 삶은 달걀의 냄새인데 고농도는 유독하고 썩은 달걀의 불쾌취로 작용한다. 이 황화수소는 산소와 빠르게 반응하기 때문에 디캔팅이나 에어레이션으로 쉽게 날려버릴 수 있다. 그런데 황화수소가 머캅탄으로 변하면 쉽게 제거하기 힘들다.

머캅탄은 -SH기를 가진 향기 물질로서 수은(Mercury)을 붙잡는(Capturing) 능력이 뛰어나다는 의미로 붙여진 이름이고, 싸이올(Thiol; 티올)로 불린다. 머캅탄은 수은 외에도 구리와 잘 결합하므로 가스연소 장치에 구리를 촉매로 사용하여 냄새를 줄이기도 하고, 술의 증류 장치를 구리로 만들 때도 과도한 황의 냄새를 줄이는 역할을 한다. 와인에서는 황산구리를 약간 넣어서 금속염 착화물을 만들어 제거하고, 내추럴 와인은 깨끗한 구리 조각을 넣고 흔들어 사용한다.

황화수소나 머캅탄 단계를 지나 이황화물로 변하면 제거가 힘들어진다. 이황화물 중에서도 대표적인 것이 디메틸설파이드(DMS)인데, 사실 DMS는 황을 포함한 아미노산에서 가장 흔하게 만들어지는 향기 물질이기도 하다. 플랑크톤, 산호, 바다생물이 내뿜는 DMS가 워낙 많아서 바다에서 내리는 비의 씨눈이 되고, 황화수소와 함께 바다 냄새의 주성분이 되며, 바다에서 비가 만들어질 때 씨앗 역할도 한다. 토마토, 채소와 황의 뉘앙스도 있는데 와인에 소량으로 있을 때는 과일 향처럼 작용하기도 한다. 와인이 숙성될수록 에스터가 감소하여 과일의 향이 줄어드는데, 분명히 잘 숙성된 와인임에도 블랙커런트 향이나 열대과일 향이 잘 느껴진다면 이 물질 덕분일 가능성이 높다.

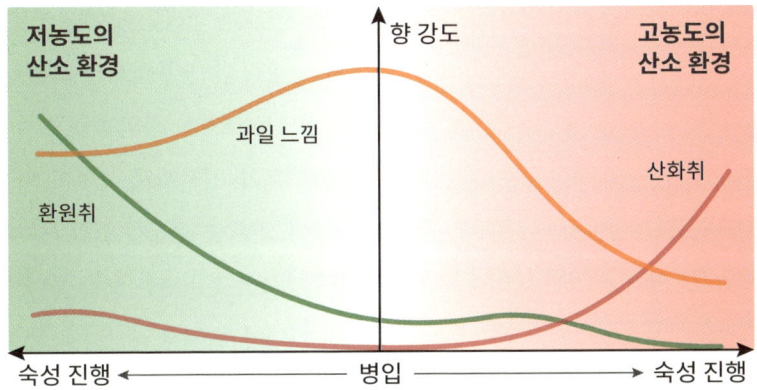

» 스컹크의 냄새는 모든 사람에게 악취일까?

스컹크 냄새는 독한 황 냄새를 내는 싸이올이 주성분이다. 싸이올은 아무런 향이 없는 천연가스가 누출되었을 때 알아볼 수 있도록 첨가하는 화합물이다. 마취제, 경련 진정제 등에도 쓰이는데, 아마도 스컹크가 이 냄새로 천적을 무력화하는 것과 무관하지 않은 것 같다. 스컹크의 분사기는 농축된 오일에 최적화되어 있어서 분사된 물질이 아주 멀리까지 날아가고 그 흔적도 오래 남는다. 스컹크 냄새의 목적은 공격자를 퇴치하는 것뿐만 아니라 주변 반경 수 km 안에 있는 다른 스컹크들에게 경고의 메시지를 보내는 목적도 있다. 동족이 천적에게 낭패를 보지 않도록 알리는 것이다.

스컹크가 냄새나는 분비물을 모두 분사하고 나면 분비샘이 다시 채워지기까지 열흘 정도가 걸린다. 그래서 스컹크는 소중한 분비물을 마지막 순간까지 아껴둔다. 몸에 난 구불구불한 줄무늬가 천적에게 위협이 되지 않으면 요란하게 발을 구르며, 그것도 효과가 없으면 물구나무를 서듯이 꽁무니를 쳐들고 꼬리를 바짝 치켜세우면서 항문의 분비샘을 보란 듯이 흔들어대며 겁을 준다. 그래도 천적이 물러날 기미가 보이지 않으면 결국 비장의 버튼을 눌러 지독한 향기 물질을 분사한다.

스컹크의 짝짓기 냄새는 어떨까? 사람의 눈물도 몸이 아파 흘리는 눈물과 마음이 아파 흘리는 눈물의 성분이 다르다고 하는데 스컹크도 짝짓기를 위한 냄새를 따로 갖고 있지는 않을까? 애석하지만 스컹크가 짝짓기를 할 때 풍기는 냄새는 공격으로부터 자신을 방어하려 할 때 풍기는 냄새와 똑같다. 암컷 스컹크는 자신이 원치 않는데도 짝짓기를 하겠다고 덤비는 수컷을 쫓아버릴 때 이 냄새를 뿌리기도 한다.

그럼에도 간혹 스컹크 냄새를 즐기는 사람이 존재한다. 여기에는 몇 가지 이유가 있지만, 가장 큰 이유는 이 냄새가 품고 있는 역한 느낌을 아무나 경험할 수 있는 게 아니라는 점이다. 어떤 냄새를 맡는다고 해도 모든 뇌앙스를 똑같이 느껴볼 수는 없다. 당연히 스컹크의 공격을 정면에서 받는 경험을 좋아하는 사람은 없을 것이다. 스컹크 냄새를 좋아하는 사람이라고 해도 비스듬히 옆으로 스쳐 가는 정도를 좋아할 것이다.

메치오날 Methional

Sulphurous
Earthy
Potato
Tomato
Onion
Meat
Soup

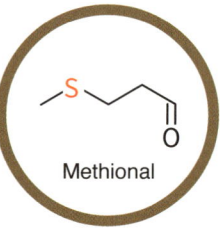
Methional

감자는 춥고 척박한 땅에서도 잘 자라 역사적으로 구황작물로 유명하다. 원산지는 안데스 산맥이다.

Methionine

KMBA

Methional

CH₃-SH Methanethiol

Dimethyldisulfide

감자가 온갖 요리에 잘 어울리는 이유

감자는 질소원의 요구가 적고, 추운 고원지대가 원산지라 춥고 척박한 땅에서 오히려 더 잘 자라고 더 맛있기도 하다. 단위 면적당 생산량도 많아서 구황작물로 유명하다. 하지만 감자가 여러 나라에서 본격적으로 재배되기 시작한 것은 18세기 이후다. 감자는 본질적으로 덩이줄기이므로 생장을 개시하면 개화 없이 즉시 열리기 시작하는 데다 시간이 지나면서 점점 커지기만 하는 것이라 꼭 생장을 완료한 후 수확철이 아니더라도 그때그때 채집해서 취식이 가능하다는 장점도 있다. 더구나 밀이나 쌀처럼 탈곡할 필요도 없이 그냥 익히기만 하면 먹을 수 있다. 영양도 풍부한 편이라 과거 아일랜드인은 버터밀크와 감자만 먹으면서도 영양실조에 걸리지 않고 살아남았을 정도다. 이런 감자의 핵심 향기 물질인 메치오날은 생각보다 흔히 발견되는 물질이기도 하다.

가공식품에서 흔히 발견되는 향기 물질

향기 물질	빈도 수(%)
Methional	54
Isovaleraldehyde	51
Diacetyl	42
Furaneol	41
Sotolone	36
Acetic acid	29
Acetaldehyde	29
Ethyl isovalerate	28
2-Acetyl-1-pyrroline	26
Isovaleric acid	26

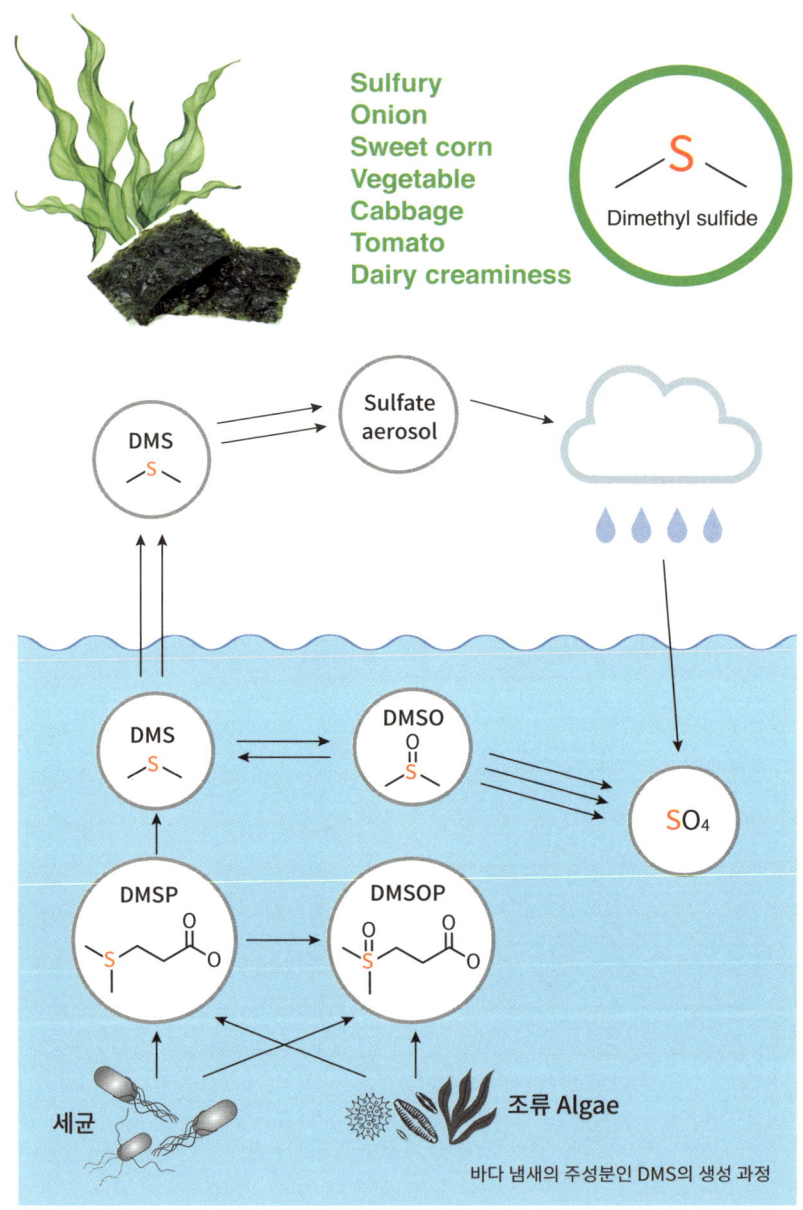

바다 냄새의 주성분인 DMS의 생성 과정

바닷새가 플라스틱을 먹이로 착각하는 이유

바다의 생명체는 소금에 의한 높은 삼투압에 대항하여 물을 빼앗기지 않을 특별한 수단이 필요한데, 이때 해조류와 플랑크톤에 있는 DMSP를 활용한다. 해초, 조류, 플랑크톤이 죽으면 DMSP가 디메틸설파이드(DMS)로 분해되어 냄새가 나는데, 바다에는 플랑크톤과 해초가 워낙 많아 이들이 죽으면서 분해되는 DMSP가 무려 10억 톤이나 된다고 한다. 그렇게 많은 양이 분해되어 DMS를 만들기 때문에 바다 냄새의 주인공이 될 수 있고, 바다 상공에서 에어로졸을 형성하여 비가 만들어지는 씨눈의 역할을 한다. 기후를 조절할 정도의 위력적인 양인 것이다.

이런 DMS는 대부분의 식물과 동물도 소량씩 만드는데, 옥수수 통조림을 막 땄을 때의 향이기도 하고, 김 또는 게에서 나는 향의 핵심 성분이기도 하며, 바닷새 등의 해양 생물들이 먹이 찾을 때의 향이기도 하다. 바닷새 등이 플라스틱을 먹이로 착각해서 먹는 것을 보고 새우 같은 작은 해양 생물로 착각하는 것이라 생각하기 쉬운데, 알고 보면 깨끗한 플라스틱 조각은 먹지 않고 각종 조류(藻類)와 세균이 뒤덮인 플라스틱만 먹는다. 여기에서 DMS 냄새가 나기 때문에 먹이로 착각하는 것이다. 실제로 DMS를 방출하는 박테리아가 가득 들어 있는 병을 열자 굶주린 새들이 벌떼처럼 날아들었다는 예도 있다. 결국 해양 생물이 바다에 떠다니는 플라스틱을 먹이로 착각하는 이유는 모양보다 향인 것이다.

차를 재배할 때 햇빛을 차단하면 향이 좋아지는데, 이때 증가하는 향 중 하나가 DMS이기도 하다. 보이차의 향에서도 DMS가 중요한 역할을 한다.

• 트러플설파이드 2,4-Dithiapentane •

**Sulfurous
Truffle/Mushroom
Meaty
Garlic
Green
Spicy
Pungent
Metallic**

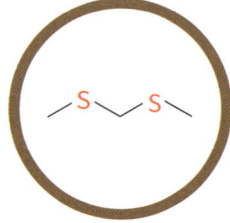

2,4-Dithiapentane
Truffle sulfide
Bis(methylthio)methane

Black truffle

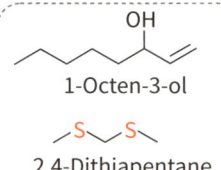

1-Octen-3-ol

2,4-Dithiapentane

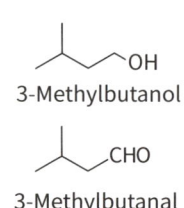

3-Methylbutanol

3-Methylbutanal

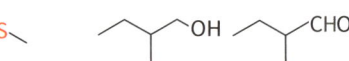

Dimethyl sulfide | 2-Methyl butanol | 2-Methyl butanal

White truffle

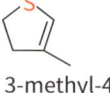

3-methyl-4,5-dihydro thiophene

송로버섯은 번식을 위한 씨앗을 왜 땅속에 숨길까?

서양송로(西洋松露 truffle)은 식용 버섯의 하나로 이탈리아, 프랑스 등에서 고급 요리에 사용되며 버터, 크림, 치즈, 아보카도 등의 지방과 잘 어울린다. 서양에서도 별로 먹지 않던 버섯이었는데 르네상스 시대 이후 인기를 얻었고, 미식예찬을 쓴 브리야 사바랭(1825)은 트러플이 너무 비싸서 귀족과 부녀들의 저녁 식탁에만 등장했다고 언급했다.

버섯은 광합성을 하지 못하므로 너도밤나무, 자작나무, 헤이즐나무, 졸참나무, 참나무 등의 뿌리와 공생관계를 형성한다. 특이한 것은 땅속에서 8~30cm 가량 자란다는 것이다. 버섯은 식물로 치면 꽃에 해당하는 것으로, 1년 중 대부분을 땅속의 균사체로 지내다 잠깐 자손을 번식시키기 위해 자실체를 한다. 그러니 통상 지상에 생기는데 트러플은 땅속에 숨겨져 있다. 번식을 위해서는 동물 매개체를 끌어들이는 휘발성 화합물을 분비한다. 북미의 경우 날다람쥐(Glaucomys sabrinus)가 트러플과 트러플이 자랄 나무와 3자 공생 관계를 이룬다. 사람은 찾기가 매우 어려워 개나 돼지를 수년간 훈련하여 찾아낸다. 전통적으로 돼지를 활용하면서 돼지가 트러플 향을 성페로몬인 안드로스테놀(Androstenol)로 여기기 때문으로 생각했는데 지금은 돼지와 개가 모두 디메틸설파이드(을)에 끌림이 확인되었다. 돼지는 트러플을 발견하면 먹으려 하고 개는 트러플을 먹고 싶어 하는 강한 욕구가 없기 때문에 개를 활용한다.

디메틸설파이드(DMS), di-(DMDS) and tri-(DMTS) sulfides, 2,4-Dithiapentane(C8-alcohols and aldehydes with a characteristic fungal odor, such as 1-octen-3-ol and 2-octenal).

알릴이소티오시아네이트 Allyl isothiocyanate

Unusual penetrating
Pungent
Mustard
Horseradish
Wasabi

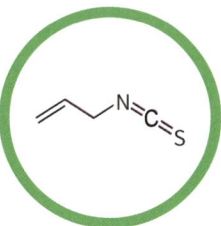

allyl isothiocyanate
2-propenyl isothiocyanate

Glucosinolate → (Myrosinase, 포도당) →
R-C≡N Nitriles
R-S-C≡N Thiocyanates
R-N=C=S Isothiocyanates

R:
- Sinigrin
- Glucoraphanin
- Dehydroerucin
- Gluconasturitiin
- Glucobrassicin

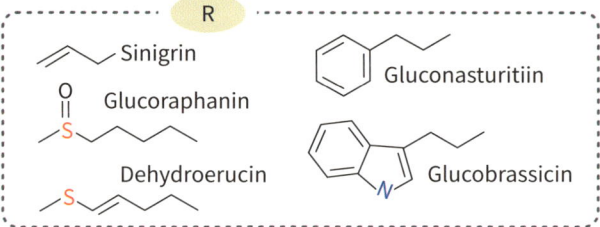

Sinigrin(갈색겨자. 흑겨자) → Allyl isothiocyanate(AITC)

Sinalbin(백겨자) → 4-Hyxrozybenzyl isothiocyanate

글루코시놀레이트(Glucosinolate)와 향신 채소

채소는 과일처럼 익는 과정이 없어서 과일과 향이 다르고 채소 자체는 향이 약한 편인데, 그중 향신채소(香辛菜蔬)는 음식에 맵거나 향기로운 맛을 더하는 채소이다. 이런 채소에서 독특한 냄새를 만들어주는 것이 황을 포함한 향기 물질이다.

채소는 대부분 십자화과(Cruciferae)에 속한다. 그래서 어느 정도의 글루코시놀레이트가 있다. 지금까지 글루코시놀레이트는 50여 종이 발견되었는데 글루코시놀레이트는 황 함유 아미노산에서 만들어지고 자체는 비휘발성이라 향이 없다. 그런데 세포가 파괴되면 효소에 의해 분해되어 향기 물질이 생성된다. 양파가 대표적이다. 양파는 세포가 손상되기 전까지는 냄새가 없다. 그러다 자르거나 씹는 등의 상처를 주면 냄새가 가득해진다. 이처럼 순식간에 향기 물질이 만들어지는 것이 양파, 마늘 같은 파속 식물의 특징이다.

- 겨자(Mustard): 흰겨자- 시날빈(Sinalbin), 흑겨자- 시니그린(Sinigrin)에서 알릴이소티오시아네이트 생성.
- 겨자무(서양고추냉이, Horseradish)
- 와사비(고추냉이; Wasabi): 일본이 전통적으로 키우던 품종.
- 갓, 자차이: 갓은 배추와 흑겨자의 자연 교잡종으로 갓김치는 겨자의 잎과 줄기를 활용하고, 중식의 자차이(zhàcài)는 줄기를 활용한다.
- 무의 매운 맛도 이소티오시아네이트류 때문이다.

트리설파이드 Trisulfide

**Garlic green
Onion metallic**

**Diallyl trisulfide
Allicin/Garlicin**

**Sulfureous
Alliaceous
Cooked
Savory
Meaty
Eggy
Vegetative
Green
Onion**

**Dimethyl trisulfide
2,3,4-trithiapentane**

Garlic, chive — Alliin

Onion, Shallot, Scallion — Isoalliin

Lachrymatory factor

마늘은 한국인의 소울푸드

마늘은 이집트가 원산지인 여러해살이 외떡잎식물로 부추아과 부추속에 속한다. 마늘은 단군신화에 쑥과 함께 등장하지만 당시에는 한반도에 없던 품종이다. 요리에서 향신료 역할을 담당하는 채소로 주로 양념에 쓰이지만, 우리나라는 생마늘로도 많이 먹는다. 강한 향과 살균 작용 때문에 예로부터 귀신을 쫓는 능력이 있다고 믿었다. 마늘은 손상을 입을 때 일종의 방어기제로 알리신이 만들어지고 '혈전 분해'에 효능이 있다. 마늘에는 알린(Alliin)이 풍부하게 들어 있지만 그 자체는 아무런 향이 없다. 마늘을 다지거나 썰게 되면 마늘 속에 들어 있던 알리네이스(Alliinase)가 작용하여 알린이 알리신(Allicin)으로 바뀌게 된다. 알리신은 불안정하여 반응이 지속되어 보다 안정한 Diallyl Disulfide, Diallyl Trisulfide 등으로 바뀌게 되고, 이들이 마늘 향을 내게 된다.

마늘은 강한 향으로 호불호가 나뉘는데 가까운 일본은 요리에 마늘을 쓰지 않고 대신 생강을 쓴다. 마늘을 잘 먹지 않는 문화권 사람들은 한국인이 상상하는 것 이상으로 마늘 냄새에 민감하게 반응하는 데다, 마늘 냄새의 주성분 중 알리신은 입이 아니라 먹은 후 몸 전체의 체취에서 배여 나오기 때문에 입 냄새만 지운다고 해결되는 문제가 아니다.

마늘은 알릴디설파이드가 주 향기 물질(정유의 60%)이고, 싸이올, Higher sulphides(예: Trisulphide) 등이 기여한다. 알릴메틸디설파이드는 특히 자극적이고 숨을 쉴 때 마늘 향이 나게 한다. 양파도 마늘처럼 황화합물이 많다. 마늘은 불포화 사슬이 많은 데 비해, 양파는 주로 포화사슬이고 Methyl~ Propyl sulphides가 핵심을 이룬다. 이것은 아릴기에 비해서 덜 거칠고 다소의 달콤함을 준다.

에틸머캅토프로피오네이트
Ethyl-2-mercaptopropionate

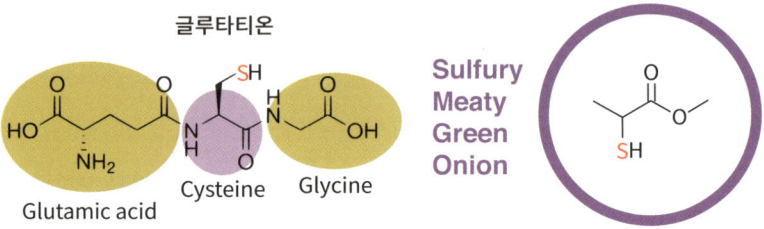

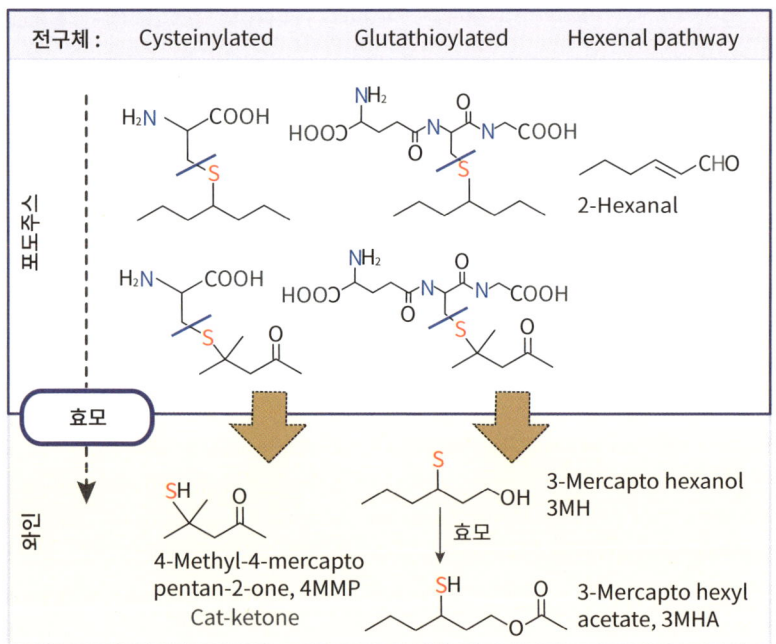

글루타티온은 감칠맛과 향에도 상당한 영향을 미친다

식품에 등장하는 황화합물은 단순한 형태의 티올(-SH), 설파이드(-S-S-)가 많지만, 홉의 4MMP(4-Mercapto-4-methyl-2-pentanone), 3MH(3-Mercaptohexanol), 3MHA(3-Mercaptohexylacetate) 같은 독특한 형태도 있다. 4MMP는 고양이 오줌 냄새(고양이 페로몬), 3MH와 3MHA는 기분 좋은 패션프루트와 베리 느낌의 물질도 있다. 와인의 경우 로제와인은 3-Mercaptohexan-1-ol, 소비뇽블랑은 4-Mercapto-4-methylpentan-2-one이 특징을 좌우하는 경우가 있고, 특정 레드와인에서 고농도의 3-mercaptohexylacetate 때문에 강한 블랙커런트 향이 나기도 한다.

과일이나 식물에는 향기 물질이 당과 결합한 배당체 형태로 액포에 보관되는 경우가 많다. 그러다 세포가 파괴되면 효소와 만나 당과의 결합이 분해되면서 향으로 느끼게 된다. 다른 형태로 시스테인이나 글루타치온(글루탐산+시스테인+글리신) 같은 형태로 보관하는 예도 많다. 시스테인(-SH)의 결합력을 이용하여 외래 물질을 포획하여 보관하는 것이다. 이들도 배당체처럼 결합한 상태로는 활성이 없다가 다시 분해될 때 냄새 물질로 작용하는데, 특히 황을 포함한 형태로 분해되면 독특하고 강력한 향기 물질로 작용한다.

» 두리안의 냄새는 개에게도 악취일까?

두리안의 냄새는 너무나 강렬하다. 썩은 달걀, 여름날 뙤약볕에 뜨거워진 쓰레기, 썩은 양배추, 아위(Asafetida) 등 어떤 고약한 냄새도 두리안에 미치지 못한다. 앞에 묘사한 것은 두리안 냄새를 이야기할 때 빠짐없이 등장하는 단어들이지만, 정작 두리안 냄새를 맡는 것은 눈을 가린 사람 셋이 코끼리를 더듬거려 각자 생김새를 설명하는 것과 비슷하다. 즉 그 세 사람이 관찰한 것이 진실이라 해도 완벽한 진실은 아니라는 이야기다. 두리안은 음악으로 치자면 지독한 다성(多聲) 음악이다. 여러 향이 뒤섞이지 않고 각자 왕성하게 서로의 주변을 맴돈다.

두리안의 맛은 야릇하다. 열대의 꿀 같은 달콤함이 먼저 나타나 혀끝에서 사르르 녹는다. 그러나 뒤끝이 깨끗하지는 않다. 두리안의 질감은 질척하고 부들부들한 약간은 버터 같은 느낌이다. 과일 중에서는 보기 드문 이 기름기가 두리안 특유의 냄새와 맛을 오래도록 머물게 한다. 입 안에 넣으면 약간 얼얼한 감이 있다. 그래서 두리안을 한꺼번에 많이 먹으면 혀가 마비되는 듯한 느낌이 들기도 한다. 어떤 사람은 바로 그 감각에 매료되어 두리안에 빠져든다. 매운맛에 중독된 사람과 비슷하다. 두리안의 단맛은 그 지독한 고린내가 없었다면 오히려 쉽게 질리는 과일이었을 것이다. 두리안은 우리의 감각을 최대치로 활성화하다 보니 호불호가 극단적이다. 여러 동남아 국가에서는 공공 운송 시스템, 공항 또는 회사에서 두리안을 섭취하는 것을 금지하고 있다.

그렇다면 두리안은 왜 그렇게 고약한 냄새를 풍길까? 아마도 다른 과일과 마찬가지로 동물을 유혹하기 위해서일 것이다. 코끼리, 코뿔소 등의 동물이 두리안을 먹고 멀리 퍼뜨려야 하는데, 모든 냄새가 뒤섞여 있는 정글 속에서 존재감을 드러내려면 보다 강한 냄새를 풍겨야 한다.

1998년 모넬 화학감각연구소의 팸 돌턴은 미국 국방부의 의뢰를 받아 악취탄 생산을 위한 연구를 진행했다. 연구 결과로 만들어진 화합물, 일명 악취탄은 고체 형태를 가진 두리안의 경쟁자다. 그러나 확실히 모든 사람이 도망가게 만들 진짜 범용 악취탄을 만들기는 생각보다 훨씬 어렵다. 우리가 알고 있는 가장 끔찍한 악취, 예를 들어 하수구, 썩어가는 쓰레기, 부패한 시체 냄새도 사실 사람이라면 적응하게 되어 있는, 이미 세상에 존재하는 냄새이기 때문이다. 악취탄의 가장 이상적인 레시피는 고약한 냄새와 향기로운 냄새가 섞인 '의외의' 합성물이다. 이 합성 냄새는 그 안에 든 각각의 냄새 성분을 구분할 수 있을 만큼 단순하면서도 그 각각의 냄새 성분을 함께 섞었을 때 껄그럽고 불쾌한 불협화음을 만들어 내야 한다. 즉 불쾌한 근접성의 문제, 예를 들면 마치 뭔가를 먹고 있는 상태에서 배변을 하는 그런 느낌인 것이다. 그런 측면에서 보면 고약함과 향기로움이 혼재되어 있는 두리안은 애초에 자연적으로 이 모든 요건을 충족하고 있는 셈이다.

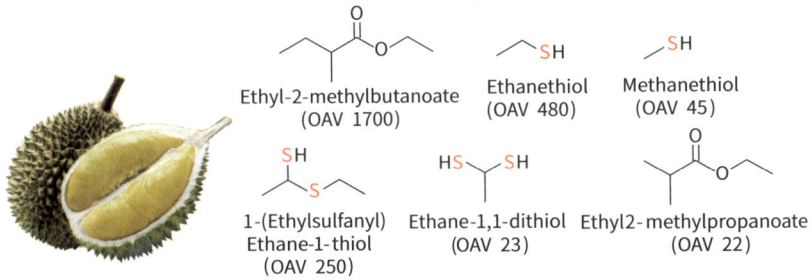

푸르푸릴싸이올 Furfurylthiol, FFT
(Coffee mercaptan)

Roasted coffee
Sulfurous
Burnt match
Meaty
Chicken
Fried onion

2-furfurylthiol

멜라노이딘

Xylose → Furfural → Furan → Furfuryl alcohol

H_2S

FFT

커피의 향이 특별한 진짜 이유

푸르푸릴싸이올(FFT)은 1926년 볶은 커피에서 처음 발견되었다. 메일라드 반응을 통해 만들어진 가장 중요한 향기 물질의 하나인데, 역치가 0.005ppb에 불과한 것으로 밝혀진 최초의 고강도(High-impact) 향기 물질이다. 워낙 강력한 향이라 자체로는(고농도) 커피 향이 나지 않고 불쾌한 가솔린 같은 기름취가 난다. 아주 저농도(0.01~0.5ppb)로 희석해야 볶은 커피 향의 느낌이 나고, 1~10ppb 정도만 되어도 태운 황(Burnt sulphurous) 느낌이 난다. 커피 향을 만들 때는 0.1~1ppb 정도에서 적절한 커피 느낌을 주며, 이보다 많은 5~10ppb에서는 부정적인 커피취가 된다.

FFT는 캐러멜 반응의 시작 물질이자 대량으로 만들어지는 푸르푸랄에 -SH기가 결합한 것이므로 가열하는 식품 대부분에서 만들어지는 물질이다. 하지만 워낙 적은 양만 생성되고 그마저 불안정하여 다른 분자와 결합하는 등의 변화로 시간에 따라 쉽게 변한다. FFT를 다양한 농도로 희석하고, 보관 기간을 달리하면 분명 같은 한 가지 물질로 되어 있지만 각각 다른 향미를 경험할 수 있다.

이처럼 소량이고 불안정하여 다른 식품에서는 기여도가 떨어진다. 커피는 단단한 세포벽의 보호 덕분에 상대적으로 많은 FFT가 만들어지기 때문에 충분히 희석된 FFT의 냄새를 맡으면 커피 냄새라고 지각하는 편이다. 하지만 커피에서도 시간이 지나면 FFT의 느낌은 쉽게 사라진다.

환후, 후각이 손상되면 왜 커피에서 쓰레기 타는 냄새가 날까?

코로나 19의 대표적 후유증 가운데 하나는 맛이나 향을 잘 느끼지 못한 것이다. 오미크론에서는 델타 변이보다는 적지만 그래도 10~20% 정도의 사람이 후각 상실(Anosmia)을 경험하기도 했다. 이런 증상은 일반적으로 2~3개월 후 회복되었지만, 일부는 6개월 이상 지속되기도 했다. 향기를 맡지 못하는 후각 상실 외에도 엉뚱한 냄새를 느끼는 후각 착오(Parosmia: 착후증) 증상도 있었다. 후각 상실뿐 아니라 후각 착오도 식욕을 떨어뜨리거나 거부 반응을 일으켜 삶의 질에 악영향을 미친다.

후각 착오 증상의 대표적 사례로 꼽히는 것이 커피. 코로나를 앓고 난 이들 가운데 다수가 평소 즐겨 마시는 커피에서 특유의 향 대신 쓰레기 타는 냄새나 하수구에서 맡을 수 있는 악취가 난다고 호소했으며, 그 이유를 분석하던 중 커피에서 착오를 일으키는 물질이 포함되어 있음이 밝혀졌다. 영국 레딩 대학 연구진이 밝힌 결과에 따르면 여기서도 FFT가 주범이었다. 커피 향을 용기에 담은 뒤 'GC-Olfactometry'라는 후각 측정 기술을 이용해 후각 장애 후유증이 있는 29명에게 각각의 개별 분자화합물 향을 맡게 하고 이들의 반응을 종합해 분석한 결과, 향을 착각하게 하는 15가지 화합물을 찾아내고 이 가운데 역겨운 커피 냄새의 주범이 FFT라는 사실을 알아냈다. 후각이 손상된 실험참가자 가운데 20명이 커피에 있는 이 물질의 향을 맡고는 끔찍한 냄새가 난다고 말했다.

FFT는 역치가 매우 낮다. 따라서 후각을 잃은 사람이 다시 후각을 찾을 때 가장 먼저 감지할 수 있는 화학물질 가운데 하나다. 이런 점에서 커피에서 썩은 냄새가 느껴지는 건 정상적인 후각을 찾아가는 과정이 시작됐음을 알려주는 신호로 볼 수 있다. 연구진은 커피 말고도 후각 착오가 잘 일어나는 식품으로 양파, 마늘, 닭고기, 피망 등을 꼽았다. 후각 착오 증상에는 반대로 불쾌한 냄새를 좋은 향으로 느끼는 경우도 있다. 예컨대 생각하기도 싫지만, 대변 냄새를 비스킷 향으로 느낄 수 있는 것이다.

디푸르푸릴 디설파이드
Difurfuryl disulfide

Sulfury
Meaty
Chicken
Coffee
Onion
Cabbage

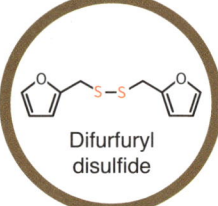
Difurfuryl disulfide

2-Methyl tridecanal

살짝 구워서는 방출되지 않는다.
삶거나 조린 쇠고기의 맛 차이를 만든다.

Savory note

MFT

Difurfuryl disulfide

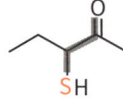
3-Mercapto-2-pentanone

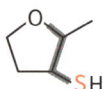
2-Methyltetrahydrofuran-3-thiol

FFT

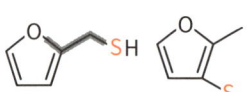
bis(2-Methyl-3-furanyl) Disulfide

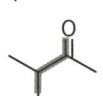
3-Mercapto-2-butanone

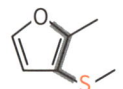
2-Methyl-3-methyl thiofuran

고기의 향

동물의 몸은 역동적인 움직임을 위해 많은 양의 단백질로 구성되어 있다. 단백질 그 자체로는 맛이나 향으로 감각되지 않지만, 이들이 분해되어 만들어지는 향은 질소와 황을 포함하고 있어서 독특하고 강렬한 냄새의 원천이 된다. 신선한 생고기는 피 같은 냄새만 나지만, 가열하면 많은 향기 물질이 생성된다. 그래서 로스트 비프에서 수백 개의 휘발성 물질이 검출되지만, 실제 냄새에 영향을 주는 것은 그중 극히 일부이다. 고기 느낌을 주는 주요 화합물은 황화합물이며, 고기의 향기 물질은 공통적인 것도 있지만 동물의 종류별로 약간씩 달라서 그 특징을 만들어 낸다.

고기에서는 MFT(2-Methylfurna-3-thiol)와 그것의 파생물이 중요하다. 이들은 향이 강해서 그 자체로는 유쾌하지 않고 희석을 해야 더욱 고기다운 느낌이 난다. MFT가 2개 결합한 bis(2-Methyl-3-furyl) Disulfide는 역치가 매우 낮고, 풍부한 숙성 쇠고기, 프라임 갈비 느낌을 더 쉽게 준다. 싸이오에테르는 더 구운 특성이 있고 다른 싸이올도 쇠고기 특성이 있다.

쇠고기 세포막에 존재하는 기다란 지방 사슬로부터 특별한 지방 알데히드인 메틸트리데칸알(Methyl tridecanal)이 생성되는데, 늙은 동물일수록 더 많이 생성하며 특정 동물의 페로몬으로도 작용한다. 소의 반추위에 있는 미생물에서 유래한 것으로 보이는 이 물질은 장에서 흡수되어 쇠고기를 스튜처럼 장시간 가열할 때만 방출된다. 결국 이 물질이 굽거나 튀긴 쇠고기와 삶거나 조린 쇠고기의 맛 차이를 만든다고 볼 수 있다.

Meaty dithiane(Mercapto propanone dimer)은 닭 국물 느낌이 강하고, E,E-2,4-Decadienal은 닭 지방을 연상시킨다. MFT도 닭고기에서 발견되지만, 쇠고기에 비해 매우 낮은 수준으로 발견된다. 오리는 먼 거리를 이동하는 철새이기 때문에 가슴 근육에 헴철이 풍부하여 닭이나 터키에 비해 육향이 강하다. MFT는 돼지고기에서 특히 중요하다.

또한 삶은 쇠고기는 2-Methyl-3-furanthiol, bis(2-methyl-3-furan) Disulfide, 메티오날, E,E-2,4-Decadienal, E-2-Nonenal, 베타-이오논 등이 중요하며, bis(2-methyl-3-furan) Disulfide, 12-Methyltridecanal이 특별함을 부여한다.

전 세계에서 소비되는 양고기의 양은 쇠고기의 1/5 수준이다. 양고기가 지닌 독특한 향은 쇠고기처럼 대중적으로 받아들여지지 않는다. 양고기 풍미에 가장 많이 기여하는 향기 물질로는 4-Ethyloctanoic acid가 지목된다.

고기에서 알데히드, 알코올, 케톤 계열의 물질은 너무 두드러지면 이취 물질로 작용한다. 이런 물질로는 2,3-Butanedione(Buttery), 메틸프로파날, 2-메틸부탄알, 3-메틸부탄알(Malty, Bitter cocoa), 헥산알(Green), 페닐아세트알데히드(Honey), 데칸알(Orange), 1-Octen-3-ol(Mushroom) 등이 있다.

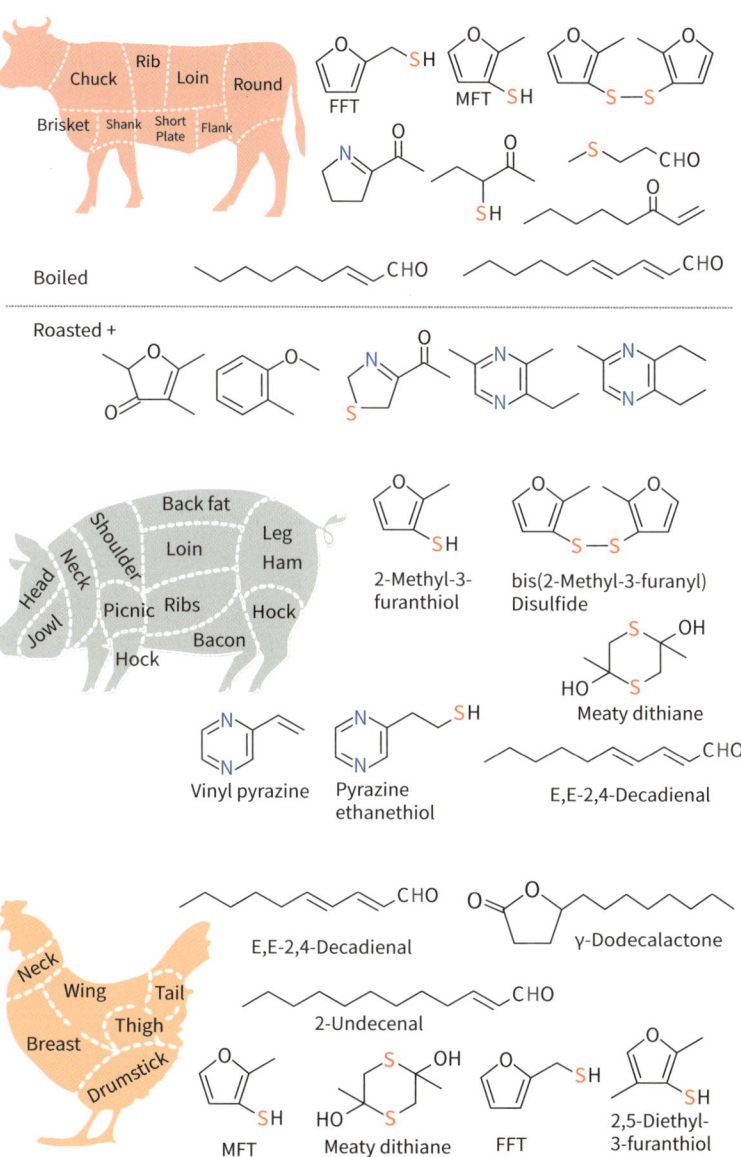

Part 2 _ 알아두면 좋은 60가지 향기 물질

설퍼롤 Sulfurol

Nutty
Meaty
Brothy
Roasted
Milky

Sulfurol

불순물에 따라 우유 또는 고기 향으로 변신하는 향기 물질

매우 순도가 높은 설퍼롤은 향이 약한 편이라 특정하기 어려운 은은한 향취를 가지며 거의 무색을 띤다. 시간이 지날수록 점점 색상이 진해지면서 곡류나 고기 향이 느껴지는데, 보관 상태에 따라 색상이 진해지면서 향이 강해진다. 그래서 설퍼롤은 같은 배치에서도 향이 달라질 수 있다. 바람직한 고기 향이 항상 나오는 게 아니라는 것이다. 이것은 불순물로 2-Methyltetra-hydrofuran-3-thiol이 작용할 가능성이 있다.

설퍼롤 계통의 물질은 세이버리, 육수, 삶은 고기의 느낌을 주는데 그중 설퍼롤은 향이 약한 편이다(역치가 10ppm). 설퍼롤의 특이한 점은 같은 배치로 만들어진 물질마저 향이 다르다는 것이다. 바람직한 고기 향이 항상 나오지는 않으며, 어떤 경우 육수(고기) 느낌이 강하고 어떤 경우 우유 느낌이 강해진다. 이것은 설퍼롤 자체의 향이 아니라 설퍼롤에서 부산물로 만들어지는 분자가 핵심적으로 작용할 가능성이 높을 것으로 추정한다.

알아두면 좋은 향기 물질

7

질소 화합물

1	터펜계 향기 물질
2	방향족 향기 물질
3	카보닐 향기 물질
4	에스터와 락톤
5	가열로 만들어진 향
6	황화합물
7	질소 화합물

질소 화합물이 동물 냄새와 가까운 이유

식물에게 가장 대량으로 필요한 영양분은 질소(암모니아 또는 질산)이다. 당연히 공기 중의 질소는 이용 불가능하고 암모니아 형태로 고정된 것을 쓸 수 있는데, 암모니아(NH_3)는 질소를 중심으로 3개의 수소가 결합한 향기 물질이다. 황화수소와 함께 우주의 탄생부터 존재한 향이며, 지금도 우주에 많이 존재하고 있다. 우리 주변에는 숙성된 치즈, 살라미, 홍어, 소변 등에 많은 향기 물질이다. 아민은 가장 단순한 질소 함유 화합물로서 일반적으로 비린내가 나고 종종 불쾌한 암모니아 향을 낸다. 이것은 모든 단쇄 아민에 적용되는데, 그중 트리메틸아민(Trimethyl amine; TMA)이 역치가 가장 낮다.

질소 화합물	향	역치(ppm)
암모니아(NH_3)	자극취	1.5
Methyl amine	생선 냄새	0.035
Dimethyl amine	부패한 생선 냄새	0.033
Trimethyl amine(TMA)	자극적인 생선 냄새	0.000032
Trimethyl amine(TMA)	부패한 생선 냄새	0.0054
Skatole(Methyl indole)	오줌 냄새	0.0000056
Indole	분뇨 냄새	0.00030

아미노아세토페논은 옥수수 콘칩의 향에 기여하고, 다른 여러 식품에도 기여한다. 메틸안스라닐레이트(Methyl anthranilate)는 과일(콩코드 포도)의 향에 기여하는데, 아민류 중 바람직한 향을 내는 것은 별로 없다. 사이클 형태의 질소 화합물이 향에서는 훨씬 중요하다.

일부 피라진 물질은 가열하면 만들어진다

피라진이 향기 물질로 주목받은 것은 1950년대 이후다. 현재 100여 종 이상의 피라진이 밝혀졌는데, 대부분 100℃ 이상 열처리 과정에서 아마도리화합물이 분해하면서 생성된다. 알킬피라진, 피라진은 치환도가 낮으면 로스팅 향과 비스킷 향을 가지며 역치가 낮지만, 치환도가 증가하면서 역치가 감소한다.

2-에틸-3,6-디메틸피라진은 감자, 나무, 흙냄새를 가지며, 2-에틸-3,5-디메틸피라진은 달콤하고 초콜릿 향을 가지고 역치가 1μg/kg이다. 2,3-디에틸-5-메틸피라진은 구운 감자 향이 난다. 둘 다 코코아 향에서 중요하지만, 육류에도 중요하다. 아세틸피라진은 너트 향의 경향이 있는 반면, 더 복잡한 피라진은 조리한 고기에 로스팅 향을 부여하기도 한다. 생감자와 채소에서 발견되는 메톡시피라진은 강한 향을 가진다. 2-메톡시-3-이소부틸피라진은 피망의 핵심 향이다. 이소부틸 대신에 이소프로필기가 결합한 것은 빈(Bean) 피라진으로 불리며 두유, 감자의 흙냄새, 파슬리 잎과 같은 향이 난다. 인삼 향의 핵심 성분이기도 하다. 역치가 낮고 지속성이 강하다.

가열 식품에서 피라진류의 향기 물질이 중요한 것은 내열성을 가진 경우가 있기 때문이다. 커피는 여러 식품 중에서도 가장 고온으로 로스팅을 하는데, 생두의 카페인이 거의 분해되지 않고 남는 것처럼 향기 물질의 일부도 내열성이 있어서 점점 그 역할이 강해진다. 로스팅이 강할수록 커피의 향이 비슷해지는 것은 페놀이나 피라진류 같이 내열성이 있는 것만 남게 되기 때문이다.

• 2-아세틸피리딘 2-Acetyl pyridine •

Corn chip
Popcorn
Fatty

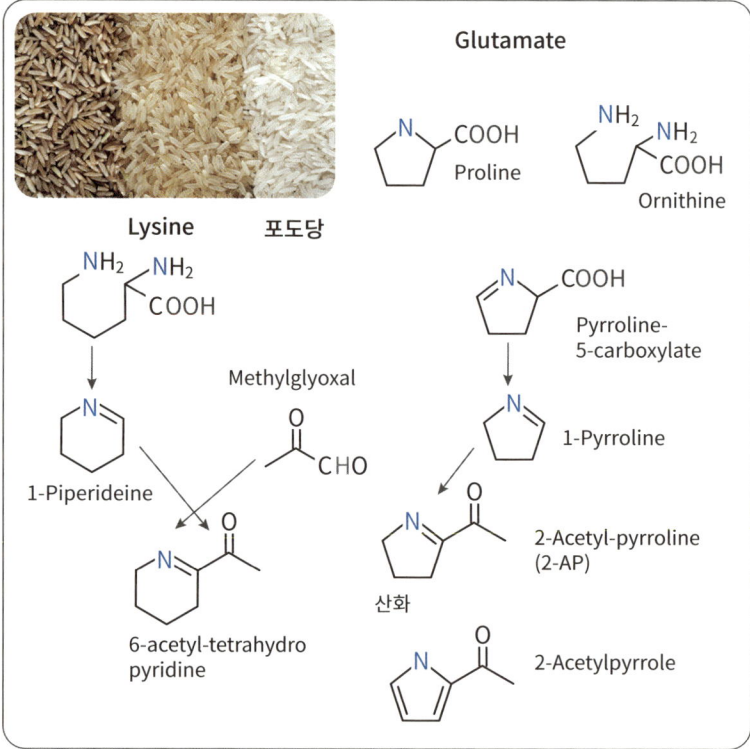

쌀 향은 생각보다 단순하다

피롤(Pyrroles)은 주로 메일라드 반응으로 만들어지며 로스팅, 조리취, 탄취와 관련이 있고, 대부분의 조리된 음식에서 발견할 수 있다. 특히 2-아세틸-1-피롤린은 밥의 주 향기 물질이고, 신선한 빵과 팝콘에서도 중요하다. 유사한 구조의 아세틸피롤(2-Acetylpyrrole)은 캐러멜, 너트 향을 가지고 아세틸피리딘(2-Acetylpyridine)은 빵, 팝콘 같은 향을 제공한다.

벼는 전 세계에 1만여 종이 있을 정도로 종류가 매우 다양하다. 벼의 대표 아종은 자포니카(Japonica)와 인디카(Indica)인데, 자포니카 쌀은 한반도, 일본, 중국 북부에서만 주로 소비되며, 전 세계에서 생산되는 쌀 중 10% 정도에 불과하다. 이에 반해 인디카 쌀은 전 세계 쌀의 90%를 차지하는 대표 품종으로 '안남미'라고도 부른다.

쌀은 비교적 향이 약한 편이지만, 그럼에도 477종이나 되는 향기 물질이 들어 있다. 표준적인 백미 향에는 풀냄새, 버섯 향, 오이 향, 지방 성분(탄소 6, 8, 9, 10 알데히드에서 기인)과 약한 팝콘 향과 꽃 향, 옥수수 향, 건초 향, 동물 향 등이 포함되어 있다. 현미는 여기에 더해 소량의 바닐린과 메이플 시럽의 소톨론이 포함된다. 하지만 쌀의 특징적인 향은 아세틸피롤 한 가지로 대부분 설명되기도 한다. 이것은 팝콘과 빵 껍질에서도 매우 중요한 성분인데 조리 과정에서 대부분 날아간다. 향미 쌀을 물에 미리 불려두는 이유 중 하나는 조리 시간을 단축해 향 유실을 줄이기 위함이다.

디메틸피라진
2,5-Dimethylpyrazine

Nutty
Chocolate
Coffee

2,5-Dimethyl pyrazine

Roasted

 2-Methyl pyrazine
참기름, Nutty, Roasted, Cocoa

 2,3-Dimethyl pyrazine
참깨, Roast meat, Chocolate

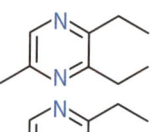

Nutty

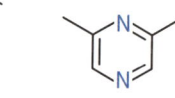 2,5-Dimethyl pyrazine
Earthy, Nut-like, Potato

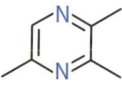 2,6-Dimethyl pyrazine
Roasted, Cocoa like

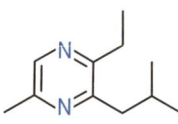

Earthy, musty

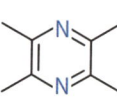 2,3,5-Trimethyl pyrazine
Burnt roasted, Earthy, Tobacco

2,3,5,6-Tetramethyl pyrazine
Caramel-milky, Fermented soy

가열한 식품에서 피라진이 중요한 이유

디메틸피라진은 강한 로스팅 향을 가진다. 2,3- 위치나 2,5- 위치 또는 2,6- 위치에 메틸기가 있는데 그중 2,5-Dimethylpyrazine이 많이 쓰인다. 트리메틸피라진이나 다른 피라진과 조합하여 너트나 땅콩 등 여러 향을 만드는 데도 사용된다.

가열은 향을 만드는 과정인 동시에 향을 휘발시키거나 파괴하는 과정이기도 하다. 피라진류가 가열한 식품의 향에서 중요한 역할을 하는 이유는 내열성이 있는 것이 많다 보니 가열하는 도중 남는 게 많기 때문이다.

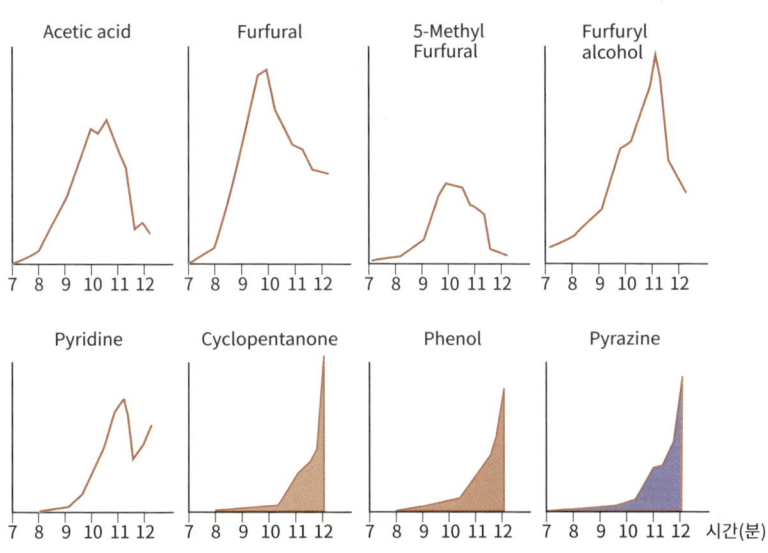

테트라메틸피라진
Tetramethylpyrazine, TMP

Sweet
Chocolate
Coffee
Cocoa
Fermented soy

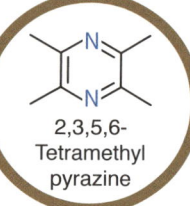

2,3,5,6-Tetramethyl pyrazine

- TMP는 에탄올에 0.1%를 첨가하면 간장, 초콜릿, 볶은 너트, 차 향이 난다.
- 천궁(Ligustrazine)의 주 약리 성분으로 0.0001% 정도 함유되어 있다.
- 발효식초의 주요 기능성 물질이다.

중국 술의 3대 계열: 장향, 농향, 청향

Sauce-flavor(장향; 醬香): 중국술은 여러 계통으로 나누는데 장향, 농향, 청향이 대표적이다. 장향은 간장의 향이 풍부하고 길게 이어지는 향이 특징이다.

간장의 향

고대 중국인들이 소금에 담가 발효시킨 최초의 음식물은 고기나 생선이었다. 그러다 기원전 2세기 경 대두로 대체된 이후 대두 발효물은 주된 양념이 되고, 1600년경에 이르러 간장이 주된 양념이 된다. 장기간 발효하는 대두 식품인 된장과 간장의 매력은 강렬하고 독특하면서 맛있는 풍미에서 비롯된다. 이러한 풍미는 미생물이 콩 단백과 그 밖의 성분을 맛 물질로 분해할 때 발달한다. 이 맛 물질은 자기들끼리 반응하여 다층적인 풍미를 생성한다.

된장과 간장은 별도의 2단계 발효를 거친다. 우선 삶은 대두를 누룩곰팡이에 노출하여 균사 덩어리를 발달시킨다. 이 대두와 균사의 혼합물이 메주이다. 두 번째 단계에서는 소금물에 메주를 담근다. 소금물에서 곰팡이는 죽지만 효소는 활동을 지속하며 그와 동시에 산소 없이도 번식하는 젖산균과 효모가 증식하여 조직 일부를 소비하고 맛있는 부산물을 내놓는다.

테트라메틸피라진(TMP)은 에탄올에 0.1%를 첨가하면 확실한 초콜릿 향, 볶은 너트, 차의 향이 난다. 초콜릿과 홍차 향에 유용하나 매우 가볍게 사용해야 한다. 천궁(Ligustrazine)의 주 약리 성분으로 0.0001% 정도 함유되어 있다. 신장에서 당뇨병성 신장 손상을 완화할 수 있음이 보고되어 있으며, 심장, 신경계, 종양 등 여러 질환에도 효과가 있다. 발효식초의 주요 기능성 물질이기도 하다.

빈(Bean) 피라진
2-Methoxy-3-isopropyl pyrazine

Earthy
Bell pepper
Raw potato
Galbanum
Ginseng

2-Methoxy-3-isopropyl pyrazine

WHAT IS THE PTD(POTATO TASTE DEFECT)?

누구에게는 몸에 좋은 인삼 향, 누구에게는 생감자의 풋내

　아프리카 그레이트 레이크(Great Lakes) 주변의 커피 생산국은 세계에서 가장 좋은 원두를 생산하는 것으로 유명하다. 여기에는 에티오피아, 케냐, 부룬디, 르완다, 콩고, 탄자니아, 우간다가 포함된다. 하지만 이 지역의 커피 생산자들은 반복되는 문제인 '감자취 결함(PTD)'으로 늘 어려움을 겪는다. PTD는 커피에서 생감자 같은 향이 강하게 발생하여 다른 섬세한 향을 압도하는 결함으로써 특히 르완다는 농업 의존도가 높고 커피가 전체 수출의 25%를 차지하다 보니 큰 타격을 받고 있다. PTD는 1940년에 처음 발견되었는데, 그 원인으로 지목된 가장 유력한 후보가 '안테스티아(Antestia)'라 불리는 악취벌레(Stink bug)이다.

시애틀 대학의 수전 재클스(Susan Jackels) 박사는 PTD에 대한 여러 연구 논문을 발표했으며, 안테스티아와 PTD 사이에 최소한 두 가지 메커니즘이 있다고 말한다. 첫 번째는 벌레가 커피 열매에 세균이 침입할 수 있는 구멍을 남기고, 세균이 PTD를 유발하는 악취가 나는 피라진을 생성한다는 것이다. 또 다른 하나는 벌레의 침입에 대한 커피나무의 스트레스 반응으로 커피 체리에서 피라진이 생성된다는 것이다. 결국 안테스티아가 직접적으로 PTD 물질을 만들지는 않지만 PTD 결함을 일으키는 데 중요한 역할을 한다는 것은 분명하다. 이 벌레의 성충은 길이 6~8mm 정도의 방패 모양이며, 짙은 갈색에 주황색과 흰색 무늬가 있다. 이 벌레로 인한 수확량 손실은 평균 30% 정도이며, 르완다 커피 농장의 98.7%에 이 벌레가 있을 것으로 추정되니 PTD 발생 확률은 매우 높다.

커피콩에 고농도의 박테리아가 오염되면 PTD가 발생한다. 생두를 60℃에서 200℃ 사이로 가열할 때 2-이소프로필-3-메톡시피라진(IPMP)이 형성되는데, 생두일 때는 감지하기 힘든 향이 로스팅 과정을 통해 발현되는 것이다. 이 지역의 커피는 컵 점수 90점 이상의 좋은 원두를 생산할 환경을 갖추고 있지만 PTD 때문에 많은 피해를 입고 있다. 2013년 CoE(Cup of Excellence)에서는 부룬디 참가자의 62%와 르완다 참가자의 51%가 PTD로 인해 대회를 기권해야 할 정도였다. 사실 PTD는 완두콩, 자몽, 감자, 와인 등 여러 식품에 미량이나마 천연적으로 들어 있다. 이 향의 특징은 내열성이 있고 지속성이 있어서 쉽게 제거하기 힘들다는 것이다. 피라진류 중에서도 대표적으로 내열성이 있는 향기 물질이다.

한편 PTD에 '감자취'라는 말 대신에 Vegetal, Musty 또는 Earthy 같은 표현을 사용할 것을 주장하기도 한다. 커피의 향기 훈련을 할 때 많이 사용하는 아로마키트(르네뒤뺑)의 3번 향이 완두콩(Garden peas) 향인데, 갓 수확한 어린 완두와 꼬투리에서 맡을 수 있으며 섬세한 향취라고 설명되어 있다. 영문 위키에는 바람직하지 않은 냄새로 곤충이나 세균(Actinomycete Streptomyces)에 의해 만들어지고, 우리의 코는 리터당 2ng도 감지할 정도로 예민하다고 설명한다.

IPMP는 조향사들도 String-bean, Pea, Earthy, Chocolate, Nutty로 묘사하는데, 한국인이라면 누구나 알고 있는 '인삼 향'이 이것이다. 하지만 인삼을 모르는 사람은 그 냄새만으로는 결코 인삼을 떠올릴 수 없다. IPMP는 좋은 향일까 악취일까? 최소한 한국인에게 적당한 농도까지는 좋은 향일 것이다. 향의 호불호는 그 자체에 있는 것이 아니라 농도와 맥락에 따라 완전히 달라지는 경우가 대부분이기 때문이다.

이소부틸피라진 2-methoxy-3-isobutyl pyrazine

**Green
Bell-pepper
Green peas
Galbanum
Nutty**

2-Methoxy-3-isobutyl pyrazine

	iso-Propyl pyrazine	sec-Butyl pyrazine	iso-Butyl pyrazine
Asparagus	30	<5	-
Beans	50	5	120
Carrot	<10	250	-
Lettuce	110	45	10
Bell peppers	200	300	20000
Chilis	110	15	5500

파프리카의 향

다른 많은 피라진처럼 이소부틸피라진도 너트 느낌을 주지만, 충분히 희석하면 파프리카의 그린 노트가 느껴진다. 상당히 다양한 식물에 들어 있지만 우리는 이 향을 맡으면 바로 파프리카를 떠올린다. 파프리카의 향은 거의 순수하게 이 물질로부터 나오기 때문이다.

파프리카는 무슨 맛일까? 파프리카는 고추과에 속한 작물이지만 캡사이신이 없어서 매운맛이 나지 않는다. 고추는 후추와 완전히 다른 식물이지만 콜럼버스가 유럽에 가져올 때 후추의 매운맛과 닮았다고 해서 페퍼의 하나로 취급되었다. 종(Bell) 모양을 닮아서 '벨페퍼'라고도 부른다. 나라마다 이름이 다른데, 우리나라는 녹색을 피망이라고 하고, 노란색이나 빨간색 등은 파프리카라고 부른다. 피망은 일본에서 프랑스어의 고추(Piment)에서 따와 붙인 이름이고, 파프리카는 같은 품종을 좀 더 개량한 것인데, 상업적 목적으로 구분해 부른다. 파프리카는 엽록소로 인해 녹색이었다가 익어감에 따라 카로티노이드에 의해 노란색이 드러나고 이후 적색이 된다.

파프리카는 은근한 단맛과 아삭한 식감 덕분에 샐러드나 요리 재료로 많이 쓰이는데, 그 향이 좀 독특한 편이다. 파프리카의 향은 요리할 때는 별로 느껴지지 않다가 입 안에 넣고 아삭 씹었을 때 강하게 느껴진다. 사람들은 이를 파프리카의 맛이라고 생각하지만, 사실 그것은 '벨페퍼피라진'이라는 향기 물질이다. 파프리카의 향은 거의 이 한 가지 물질로 이루어진 것이라 냄새를 맡으면 바로 '아 이것이 파프리카의 향이구나!' 하고 느낄 수 있다. 1/10억 정도의 적은 양으로도 감각되는 강한 향기 물질이며, 다른 채소에서도 만들어지지만 그 양은 파프리카보다 워낙 적어서 거의 느끼기 힘들다.

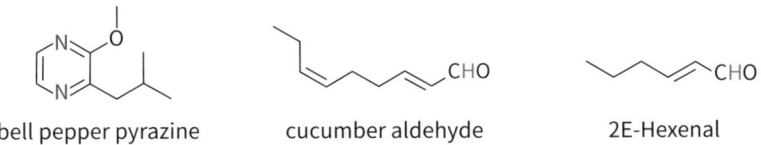

bell pepper pyrazine   cucumber aldehyde   2E-Hexenal

인돌 Indole

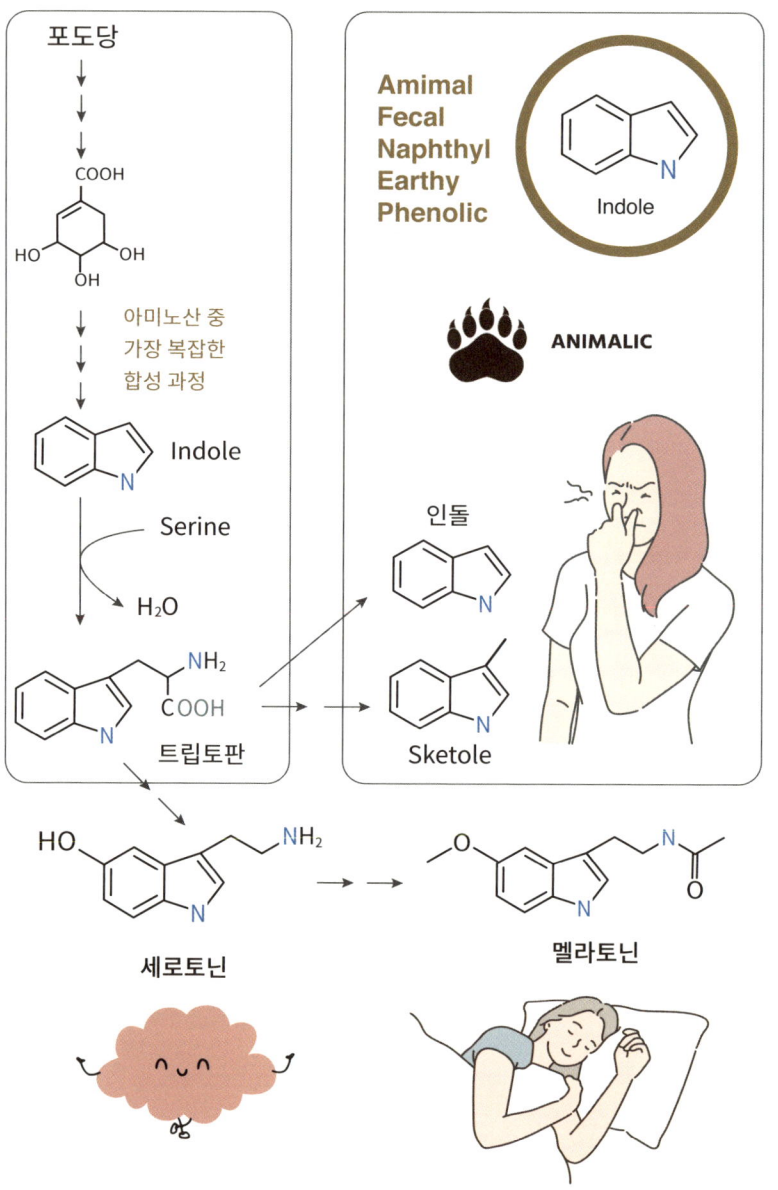

합성의 노고에 비해 너무나 억울한 대접

인돌(Indole)은 냄새가 강하고 불쾌한 동물 냄새와 분변 냄새로 알려져 있지만, 요즘 사람들은 인돌에서 그런 것들을 떠올리지 않는다. 오래된 배설물의 냄새나 화장실 냄새를 맡아본 경험이 없기 때문이다. 인돌은 1868년 독일의 화학자 A. 바이어가 인디고에서 처음 추출했는데, 이 발견은 염료의 화학합성에 크게 기여했다. 콜타르, 재스민 등 식물성 향유, 썩은 단백질, 포유류의 배설물(대변) 속에 존재하며, 고농도는 불쾌한 냄새가 나고 스카톨(Skatole)과 함께 대변 냄새의 원인이 되지만, 순수한 상태나 미량인 경우는 꽃과 같은 향기가 난다. 그리고 지속성이 있어서 휘발성이 강한 황화합물이 사라진 뒤에도 남는다.

방독면(防毒面)에는 활성탄소와 금속 촉매로 구성된 정화통이 있어서 사린가스와 같은 유독한 가스로부터 우리의 생명을 지킬 수 있다. 그런데 이런 방독면으로도 방귀 냄새는 막지 못한다고 한다. 스카톨이라는 성분은 고작 0.01ppb만 있어도 냄새를 느낄 수 있다. 방독면이 스카톨을 100% 가까이 걸러준다 해도 정화통을 통과한 극소량조차 보통 사람이 맡을 수 있는 한계인 1천억 분의 1g보다 많아서 방독면을 착용해도 냄새를 막지 못하는 것처럼 느껴지기 때문이다.

스카톨은 백합 향에도 존재하며, 수퇘지의 페로몬인 안드로스테논과 같이 있으면 매우 불쾌한 웅취가 된다. 또한 곡물 사육 대신 목초 사육을 했을 때 종종 나타나는 부정적인 냄새에도 기여하고, 탈지분유의 웅취에도 기여한다. 이런 인돌류는 트립토판의 분해로 만들어지는 물질이라 홍합의 저온 저장 중에도 증가하여 홍합을 4일 정도 보관하면 맛이 없어지는 원인이 되기도 한다.

암모니아 Ammonia

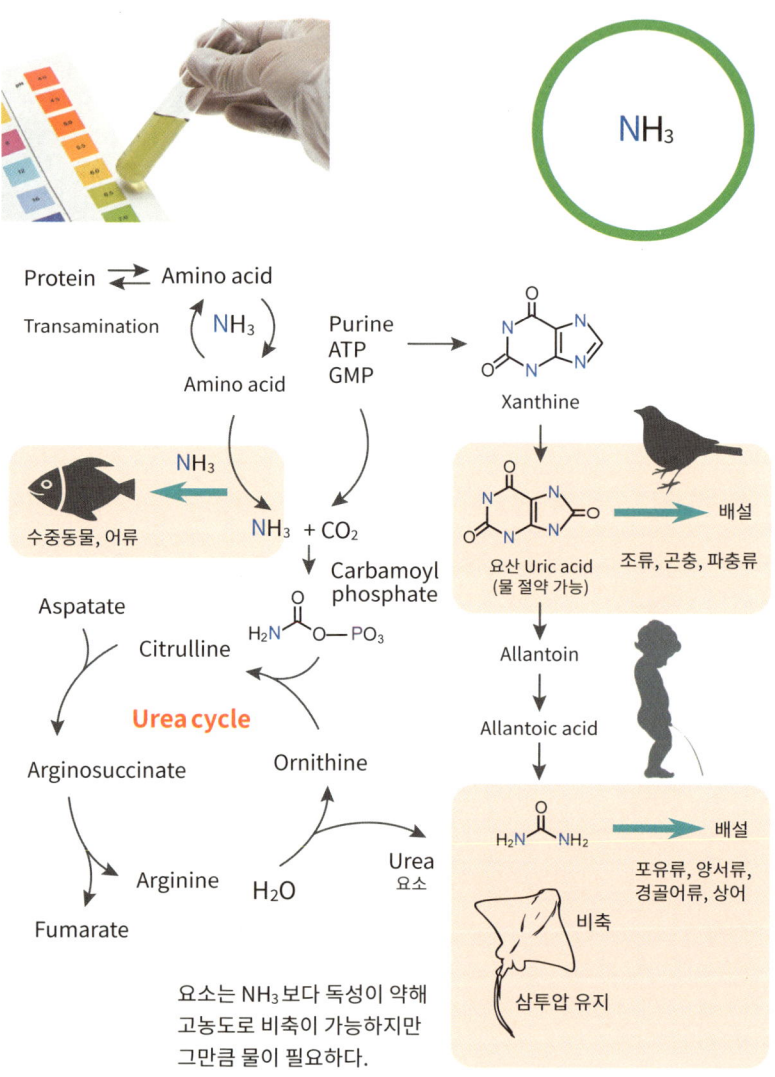

가장 작은 냄새 물질

왜 홍어를 발효시키면 암모니아 냄새가 심할까? 염도가 3.5%인 바닷물에서 물고기가 살아남으려면 체내 수분이 바닷물로 빠져나가지 않아야 한다. 바닷물고기는 모두 나름대로 해법을 마련했는데, 홍어는 다른 물고기와 달리 요소와 요소 전구물질을 체내에 많이 간직하여 바닷물의 삼투압에 대응하도록 진화해왔다. 그런 홍어를 2~3일 실온에 방치하거나 퇴비 속에 1~2일 묻어두면 요소가 분해되어 암모니아가 듬뿍 만들어지고, 물에 잘 녹는 성분이라 홍어 속에 계속 남아 있게 된다. 그리고 발효된 홍어를 뜨겁게 쪄내면 아직 분해되지 않은 요소와 암모니아가 함께 우리 코를 자극한다.

홍어의 고향 흑산도는 목포에서 약 90km 정도 거리에 있는 섬으로써 뭍에서 상당히 떨어져 있다. 홍어를 잡는 곳에서는 싱싱한 홍어를 그대로 먹어도 정말 맛있지만, 운송이 어려웠던 시절에는 멀리 떨어진 사람이 먹기 위해 어쩔 수 없이 삭혀야 했다. 그런데 지금은 냉장 시설이 발달하여 그냥 먹어도 된다. 그럼에도 삭힌 홍어를 고집하는 사람이 많다. 그만큼 맛은 중독적인 것이다.

암모니아나 요소는 그렇게 간단한 물질이 아니다. 얼마 전 우리나라에 요소수로 인한 큰 소동이 일어나기도 했다. 요소수는 67.5%의 정제수에 32.5%의 요소를 녹인 것인데, 여기서 요소는 소변의 주성분이기도 하다. 우리가 먹은 음식의 탄수화물과 지방은 이산화탄소와 물로 분해되고, 이산화탄소는 기체의 형태로 숨을 통해 배출되기 때문에 어려움이 없다. 문제는 단백질로 분해되어 만들어진 아미노기(암모니아)는 물에 잘 녹기 때문에 숨을 통해 배출되지 못해 물에 녹여 배출해야 한다.

사실 암모니아는 단백질 합성에 가장 귀중한 재료다. 식물은 질소고정균에 포도당을 제공하고 대신 암모니아를 얻어와 단백질을 만든다. 그리고 대사 과정에서 분해된 암모니아는 다시 아미노산을 합성하는데 사용하기 때문에 사실상 식물은 질소를 배출하지 않는다. 동물은 다른 생명체가 만든 단백질을 먹고 살기 때문에 단백질의 분해로 만들어진 암모니아를 배출할 수단이 필요하다. 더구나 암모니아는 독성이 있어서 체내에 고농도로 오래 보관할 수 없다. 물속에 사는 어류는 주위의 물속에 확산시켜 쉽게 제거하지만 육상동물에게는 물조차 귀한 자산이다. 그래서 암모니아를 독성이 약한 요소로 변환해 배출하는 전략을 선택했다. 요소는 2개의 암모니아를 포함한 형태이면서 독성이 약해 훨씬 효과적이다. 그래서 사람도 요소의 형태로 소변을 통해 배출한다.

요소는 1727년 소변에서 처음 발견되었고, 인류가 합성한 최초의 유기화합물이기도 하다. 요소를 합성하기 전에는 유기물을 생명체(유기체)만 만들 수 있다고 생각했는데, 요소의 화학적 합성으로 그 생각이 바뀌게 되었다. 그리고 요소는 비료의 핵심이기도 하다. 인류는 엄청난 양의 비료를 만드는데, 공기 중의 질소를 고정해 암모니아를 만들고 그것의 80%를 요소를 만드는 데 쓴다. 연간 무려 2억 톤이 만들어지고 대부분 비료로 쓰이며, 극히 일부가 요소수 등에 쓰인다.

2020년 8월, 레바논의 수도 베이루트 항구에서 5,000여 명의 사상자를 낸 대폭발 참사가 있었다. 항구의 창고에 저장된 2,750톤의 질산암모늄이 폭발하여 히로시마 원자폭탄의 10~20%에 해당하는 위력으로 시민 25~30만 명이 피해를 입은 것이다. 그런데 이 질산암모늄은 농업 역사상 최고의 발명품으로 꼽히는 비료의 핵심 성분이기도 하다. 모든 생명체는 단백질이 있어야 살아갈 수 있다. 식물이 필요로 하는 3대 영양소 중 탄수화물과 지방은 물과 이산화탄소만 있으면 만들 수 있지만, 단백질을 만들려면 추가로 질소가 필요하다. 질소는 공기의 78%를 차지할 정도로 많지만, 삼중결합($N\equiv N$)으로 너무나 단단하게 결합한 상태라 생명체가 그것을 직접 끊어서 활용할 수 없고, 암모니아(NH_3) 같은 형태로 바꾸어야 활용할 수 있다.

　질소를 암모니아 형태로 전환하는 것을 질소고정이라 하는데, 아주 특별한 생명체만이 특별한 환경에서 효소를 이용해 전환할 수 있다. 질소고정 효소는 철과 몰리브덴 또는 바나듐을 포함한 복잡한 미네랄 복합체가 포함되어 있는데, 이런 효소보다 중요한 것이 바로 산소의 제거이다. 산소가 있으면 이 효소의 미네랄 복합체에 질소보다 훨씬 빠르고 강력하게 결합하여 원래 목적대로 사용할 수 없다. 더구나 질소고정에는 많은 양의 에너지(ATP)가 필요하며, 많은 양의 에너지를 생산하려면 산소가 있어야 한다. 혼자서는 이런 복잡하고 상반된 요구를 동시에 만족시키기가 힘들어서 식물은 포도당을 주고, 뿌리혹균은 암모니아 형태로 고정한 질소원을 식물에게 제공하는 형태로 공생하는 것이다.

　인간이 이런 질소고정을 할 수 있게 된 것은 20세기 초, 독일의 화학자 하버와 보슈의 엄청난 노력 덕분이다. 2,500여 종의 고체 촉매를 사용해 1만 번 이상의 실험을 하여 최적의 촉매를 찾고, 500℃의 고온과 200기압을 견디는 특별한 설비를 개발해 1910년 말 암모니아의 생산에 성공한 것이다. 현재 인류가 생산하는 식량의 절반 정도가 이렇게 인위적으로 고정한 질소 덕분에 생산된다고 할 수 있다.

　식물에 절대적인 영양 성분인 질산(NO_3)이 폭약의 원료가 될 수 있는 이유는 한 개의 질소에 무려 3개의 산소가 결합해 있기 때문이다. 자체적인 산소 공급이 가능해 순식간에 폭발적인 연쇄반응이 일어나는 것이다. 이처럼 위험성이나 효능은 물질 자체에 있지 않고 사용 방법에 있다.

아세토페논 Methyl anthranilate, Acetophenone

Grape
Sweet must

Sweet
Fruity
Concord grape
Musty & Berry nuance

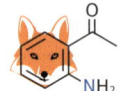

2-Aminoacetophenone

Methyl anthranilate

Chorismate → Anthranilate → Anthraniloyl-CoA → Methyl anthranilate

EtOH → Ethyl anthranilate

Acetophenone → Strallyl alcohol
+ Acetic acid → Strallyl acetate
+ Propionic acid → Strallyl propionate

포도주에서 여우 냄새가 날 수 있다고?

포도는 크게 미국종(Vitis labrusca L.)과 유럽종(Vitis vinifera L.) 그리고 이들의 교잡종 (Vitis labruscana B.)으로 나눌 수 있다. 서양인은 미국종의 포도로 만든 와인에서 '여우취(fox flavor, foxy)'를 느끼는 경우가 있다. 여우, 고양이, 스컹크, 벌레 냄새라고도 하는데 여우 굴 주변, 여우 소변, 젖은 여우 털의 냄새와 비슷하다는 것이다.

1921년에는 2-메틸안트라닐레이트가 여우취의 주요 원인으로 확인되었고, 1993년에는 2-아미노아세토페논도 큰 역할을 하는 것으로 밝혀졌다. 이 두 물질의 함량은 포도가 익을수록 증가한다. 미국종과 유럽종을 교배하면 2-메틸안트라닐레이트의 향이 점점 적어지고 딸기 향이 증가한다.

메틸안트라닐레이트는 알데히드와 반응하여 Schiff base를 만드는 대표적인 물질이기도 한데, Concord 계통의 포도에 많고, 다른 여러 과일에도 소량씩은 들어 있다. 일본이나 우리나라 사람에게는 이 향이 포도향으로 여겨질 뿐 이상한 냄새로 여기지 않는다. 여우에 대한 경험이 없이 여우취를 떠올리기 힘든 것이다. 커피에서 감자취의 주요 원인인 Bean pyrazine(2-Methoxy-3-isopropyl pyrazine)의 냄새를 맡으면 한국인은 인삼(홍삼) 냄새를 쉽게 떠올릴 수 있지만, 서양인은 생감자 껍질이나 완두콩 냄새를 느낄 뿐 인삼은 전혀 떠올릴 수 없는 것과 마찬가지이다. 어떤 향기 물질의 호불호는 농도와 맥락(경험)이 좌우하는 것이지 그 자체의 특징이 아닌 셈이다.

트리클로로아니솔 2,4,6-Trichloroanisole

Unpleasent
Earthy
Musty
Moldy smell

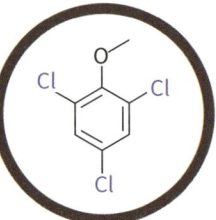

2,4,6-Trichloro anisole (TCA)

페놀 + 미생물 → OCl⁻ 표백제등 → 2,4,6-Trichloro anisole(TCA)

Anisole

TCA가 적은 양으로도 와인의 향미를 망치는 이유

와인에서 퀴퀴한 곰팡이 냄새가 나면 50~80% 정도가 코르크에서 발생한 TCA(2,4,6-Trichloroansole) 때문이라고 한다. 코르크는 무취이지만 미생물에 의해 코르크에 있던 페놀 계통 물질이 TCA로 바뀌면서 이취가 발생하는 것이다. TCA는 사과, 건포도, 닭고기, 새우, 땅콩, 캐슈너트, 녹차, 커피, 맥주, 위스키 등에서도 문제를 일으킬 수 있다. 1990년대에는 브라질 커피 생산량의 약 20%가 약품, 페놀 또는 아이오딘(요오드)과 유사한 이취가 나는 이른바 '리오 결함(Rio taste)'이 문제가 되었다. 이때도 TCA가 원인으로 지목받았다.

TCA는 재생지로 만든 종이 포장이 미생물에 오염되어 제품으로 흡수된 때도 있다. 염소 처리는 리그닌과 반응하여 TCA가 만들어질 수 있다. 그런데 TCA가 오염된 와인에서 곰팡이 냄새가 느껴지는 것은 TCA 자체의 냄새보다는 TCA가 후각세포의 일부를 차단하여 냄새 맡는 능력을 왜곡하기 때문으로 알려졌다. TCA로 동시에 여러 개의 후각수용체가 부분적으로 마비되면 냄새가 왜곡되는데, 후각이 왜곡되면 좋은 쪽보다는 나쁜 쪽으로 작용할 가능성이 훨씬 높다.

TCA와 흙냄새가 나는 지오스민(Geosmin), MIB(Methyl isoborneol), 피라진(sec-Butyl methoxy pyrazine) 같은 분자와 같이 있으면 이취가 더 심해진다. 이런 리오 커피는 유럽과 미국에서 결함 제품으로 분류되지만, 그리스, 터키, 레바논 및 일부 동유럽 국가에서는 특이한 아로마를 높이 평가한다. 그래서 브라질의 일부 수출업체에서 해당 국가의 고객을 만족시키려고 일부러 이 결함을 일으키는 때도 있다.

• 트리메틸아민 Trimethylamine, TMA •

Fishy
Oily
Rancid
Sweaty
Fruity

Trimethyl amine
TMA

아세틸콜린

인지질
(레시틴) → 콜린 → 트리메틸아민 TMA 비린내 —살았을 때 효소→ 산화트리메틸아민 TMAO 무취

카르니틴

베타인 —죽었을 때(분해)→

위대한 비린내

1970년대에 인류가 가장 많이 먹은 고기는 생선이었다. 원양어업이 발전하자 그냥 잡기만 하면 되는 생선의 소비가 폭발적으로 늘어난 것이다. 이후 소비량이 돼지고기, 닭고기처럼 늘지는 않았지만 그래도 양식산 생선의 소비 증가로 생선은 여전히 인류에게 귀중한 단백질 공급원이 되고 있다.

그런데 생선은 특별한 맛이 없는 경우가 많다. 신선한 생선과 해산물은 그 풍미가 매우 섬세하기는 하지만 뚜렷한 향기 물질은 없고 장쇄의 다가 불포화지방산이 효소에 의해 분해되면서 만들어진 소량의 그린, 메론 향조를 내는 알코올과 알데히드 같은 물질 정도만 만들어지기 때문이다. 그런데 부정적인 냄새는 매우 강한 경우가 있다.

향에 대한 선호도는 사람마다 다르고 경험에 따라 쉽게 바뀌기도 하지만 생선의 비린내만큼은 모두가 싫어한다. 이 비린내의 주인공은 트리메틸아민(TMA)인데, 신선한 생선에는 산화형(TMAO)으로 존재하다가 생선을 잡아 상온에 보관하면 금방 TMA 형태로 바뀌면서 비린내가 나기 시작한다. 사실 트리메틸아민은 인지질(레시틴)을 구성하는 콜린(Choline)이나 카르니틴, 베타인 등이 분해되어 만들어지는데 그 양은 매우 적다. 그런데 생선은 이런 TMA를 산소와 결합한 TMAO의 형태로 많은 양을 보관한다. TMAO가 바닷물의 높은 소금 농도로 인해 수분을 빼앗기는 것을 막고, 높은 수압에 의해 단백질이 불안정해지는 것을 막는 물고기에게 매우 유익한 역할을 하기 때문이다. 그래서 심해에 사는 물고기일수록 많은 TMAO를 비축한다.

TMAO는 TMA에 고작 산소 하나가 결합한 상태다. 무게나 형태에 별 차이가 없는 것이다. 그런데 우리는 TMAO는 무취로, TMA는 강한 비린내로 감각한다. 그 이유는 무엇일까? 그것은 TMA가 생선의 부패에 가장 효과적인 수단이기 때문이다. 생선은 육고기보다 훨씬 상하기 쉽다. 생선은 무중력 상태의 물에서 수영하기 때문에 육질을 구성하는 근섬유 길이도 육고기에 비해 짧고 작다. 그러니 근육이 훨씬 약하고 부드러운 상태다. 이는 소화가 쉽다는 장점이 되지만, 미생물이 번식하기도 쉽다. 물고기의 아가미, 표피, 내장에는 많은 세균이 살고 있고, 수분은 많고, 미생물을 억제할 젖산을 만들 글리코겐의 함량도 낮다. 더구나 자가 효소에 분해도 잘 일어나고, 축육은 깨끗한 장소에서 도살 후 바로 내장 등을 처리하지만 어육은 내장과 아가미가 붙은 상태로 취급되는 경우도 많다. 육고기보다 훨씬 부패하기 쉬운데 그런 부패의 속도만큼 빠른 것이 TMAO가 다시 TMA로 분해되는 속도이다. TMA는 그 정도의 양으로는 우리 몸에 유해한 성분이 아니고, 더구나 우리 몸의 장내 세균에 의해서 상당량 만들어져 혈액으로 흡수되는 성분이기도 하다.

생선의 신선도를 평가하기 위해 세균 수 등을 측정하는 방법이 있는데, 일반적으로 어육 1g에 세균 수가 10만 마리 이하이면 신선, 10~100만 마리 정도면 초기 부패, 150만 마리 이상이면 부패 상태로 판정한다. 그리고 화학적 검사로 휘발성염기질소(VBN), 트리메틸아민(TMA), 히스타민, pH(수소이온농도)를 측정하는 방법도 있는데, TMA는 어육 100g당 3~4mg 이상이면 초기 부패로 간주한다. 그 정도면 코로 상당한 비린내를 느낄 수 있는 함량이다.

TMA 등 여러 아민류는 비린내 또는 불쾌한 암모니아 냄새를 내는데, 그중에 TMA가 역치가 가장 낮다. 가장 적은 양으로 가장 강력한 비린내를 내는 것이다. TMA 생성의 전구물질인 인지질, 콜린, 카르니틴, 베타인은 모두 우리 몸에 유용한 성분인데도 그것으로 만들어진 TMA를 비린내로 느끼는 것은 TMA가 유해해서가 아니라 TMA가 많이 함유된 생선은 위험할 수 있으니 피하기 위해 애써 진화해 온 결과물이라 할 수 있다. 만약 TMA와 비슷하고 함량은 훨씬 많은 TMAO를 강한 비린내로 느낀다면 모든 생선이 비릴 것이니 생존에 전혀 도움이 안 될 것이고, TMA 대신에 다른 물질이라면 그것은 생선에 공통적인 물질이 아니므로 보편성이 떨어질 것이고, 부패가 상당히 진행된 후에 만들어지는 물질이라면 그것 또한 의미 없는 냄새일 것이다. 세상에는 맛도 향도 없다. 단지 수천만 가지의 화학 분자가 있을 뿐이다. 그런 분자 중 감각하면 생존에 결정적으로 유리한 분자들을 애써 수용체를 만들어서 감각하고 활용할 뿐이다.

생선에 레몬즙이나 식초 같은 산성 물질을 넣으면 비린내가 감소하기도 하는데, TMA가 분해되거나 사라지는 것이 아니라 산성 조건에서는 물에 훨씬 더 잘 녹으면서 휘발성이 줄기 때문에 단지 코로 덜 느끼는 것이다. 주방에서 생선 조리에 사용했던 칼과 도마 등을 묽은 식초로 씻으면 쉽게 비린내가 없어지는 것도 용해도가 증가하여 잘 씻겨나가기 때문이다.

우리 감각은 TMA로 인한 비린내에 과하게 예민하기도 하다. 과거보다 생선의 유통이 비교할 수 없이 개선되어 굳이 느낄 필요가 없는 생선마저 비린내를 느끼면서 거부감을 가진다. 심지어 TMA 때문에 극심한 고통을 겪는 사람도 있다. 희귀 질환 중에 '트리메틸아민뇨증(Tryimethylaminuria)'이라는 것이 있는데 체내에 TMA를 TMAO로 전환하는 효소에 이상이 생겨서 땀, 침, 호흡 등에서 심한 비린내가 나는 질환이다. 환자의 생명에는 전혀 위협이 되지 않지만 삶의 질을 완전히 망쳐버리는 심각한 질환이다.

마무리하면서

내가 『향의 언어』를 쓰고, 그 확장판으로 『사과 향은 없다』까지 쓰게 된 것은 향기 물질을 통해 향을 표현하는 방법을 찾아보고자 함이다. 향기 물질이 향의 언어가 될 수 있을지는 아직 알 수 없다. 언어는 사회적 약속인데, 내가 아무리 열심히 주장한다고 한들 그것이 바로 언어가 될 수는 없는 일이다. 향기 물질을 경험하는 사람이 늘고, 공감하는 사람이 충분히 늘어야 향미를 표현에 사용할 수 있는 단어가 될 것인데, 그러기 위해서는 얼마나 많은 시간이 필요할지 알 수 없다. 그래도 지금 내가 확실히 말할 수 있는 것은 향기 물질이 최소한의 후각을 설명하고 이해하는 데 가장 탁월한 수단이라는 사실이다.

향기 물질의 관점에서 본다면 꽃, 향신료, 과일, 와인, 전통주 등 수많은 음식의 향기는 그닥 다르지 않다. 미각을 자극하는 것은 단맛, 신맛, 짠맛, 감칠맛, 쓴맛 중 일부이고, 후각을 자극하는 것은 0.1%도 안 되는 향기 물질에 의한 것이다. 더구나 주로 등장하는 향기 물질은 여러 가지 식품에 포함되어 있고, 그런 성분의 배경을 추적하다 보면 생각보다 흥미로운 내용과 만나게 된다. 향기 물질의 종류가 너무 많아 한꺼번에 모든 것을 이해하거나 체험해 보기는 힘들지만, 맛에 흥미가 많은 사람이라면 이 책에 등장하는 향기 물질이라도 한번 체험해 보는 것이 효과적일 것이라고 생각한다. 본문에서도 말했지만, 향은 향기 물질로 공부하는 것이 확장성이 좋기 때문이다.

지금까지 맛과 향에 대해 많은 세미나를 해보았지만, 향을 향기 물질로 설명할 때처럼 반응이 좋았던 적은 없었다. 향기 물질을 직접 체험하면서 관련된 설명을 듣는 것이 사람들에게 가장 효과적이었다. 향기 물질은 확실히 후각의 특성을 이해하는데 너무나 훌륭한 수단이다. GC/MS 같은 분석기기로 분석한 결과를 이해하려면 역치, 포화도, 희석효과 등을 먼저 이해해야 하는데, 향기 물질을 직접 경험하면서 설명을 들어보면 생생하게 이해할 수 있는 것이다.

어떠한 목적이든 향기 물질을 경험하는 기회가 늘고, 그래서 우리의 후각에 대한 이해가 깊어지는 경험을 쌓다 보면 언젠가 향기 물질을 통해 향을 묘사하는 경우가 늘어날 것이고, 우리의 향에 대한 이해는 더욱 깊어질 것이라 믿는다. 이제 향을 새롭게 공부할 시간이 됐다.

최 낙 언

참고문헌

『Chemistry of Spices』 Villupanoor A. Parthasarathy, CAB 2008

『Fenaroli's Handbook of Flavor ingredient 6th』 George A, Burdock, CRC, 2010

『Flavor creation』 John Wright, Allured Pub, 2010

『Food aroma evolution』 Matteo Bordiga, Leo M.L. Nollet, CRC Press, 2019

『High impact aroma chemicals』 David J. Rowe, 2002

『Nose Dive: A Field Guide to the World's Smells』 Harold McGee, Penguin Press, 2020

『Springer Handbook of Odor』 Andrea Buettner, Springer, 2017

『향의 언어』 최낙언, 예문당, 2021

『냄새』 A. S. 바위치, 김홍표 옮김, 세로, 2020

『스파이스』 스튜어트 페리몬드, 배재환·이영래 옮김, 북드림, 2020

『향기 탐색』 셀리아 리틀턴, 도희진 옮김, 뮤진트리, 2017

『향수: 어느 살인자의 이야기』 파트리크 쥐스킨트, 강명순 옮김, 열린책들, 2009

『홍차의 비밀』 최성희, 중앙생활사, 2018